Verein deutscher Maschinenbau-Anstalten
Düsseldorf

Die Stellung der deutschen Maschinenindustrie im deutschen Wirtschaftsleben und auf dem Weltmarkte

Von

Dipl.-Ing. Fr. Frölich

Springer-Verlag Berlin Heidelberg GmbH 1914

Die Arbeit ist erstmalig in „Technik und Wirtschaft", Jahrgang 1914, erschienen.

Inhalt:

Seite

I. Der Maschinenbau im deutschen Wirtschaftsleben 1
II. Der deutsche Maschinenbau auf dem Weltmarkte 14
III. Mittel zur Förderung der deutschen Maschinenausfuhr 43

Additional material to this book can be downloaded from http://extras.springer.com

ISBN 978-3-662-32280-2   ISBN 978-3-662-33107-1 (eBook)
DOI 10.1007/978-3-662-33107-1

Die Stellung der deutschen Maschinenindustrie im deutschen Wirtschaftsleben und auf dem Weltmarkte.

Von Dipl.-Ing. Fr. Frölich, Düsseldorf.

(Vorgetragen in dem Kursus für die Anwärter auf die Konsulatslaufbahn und in den Kursen für staatswissenschaftliche Fortbildung zu Frankfurt a. M. und Cöln.)

I. Der Maschinenbau im deutschen Wirtschaftsleben.

Bei dem Versuch, ein Bild von der Bedeutung des deutschen Maschinenbaues im deutschen Wirtschaftsleben zu entwerfen, muß man leider die Erfahrung machen, daß die vorhandenen amtlichen statistischen Nachweise in vielen Punkten nicht ausreichen.

Während andere Industrieen, zB. der Bergbau und die Hüttenindustrie, seit Jahrzehnten ausführliche amtliche Statistiken über ihre Erzeugung, Arbeiterzahl, Vermögenswerte usw. besitzen, fehlen leider der Maschinenindustrie noch größtenteils eingehende statistische Unterlagen, insbesondere über diejenigen Verhältnisse, die grundlegend sind für die richtige Beurteilung ihrer volkswirtschaftlichen Bedeutung; man ist daher gezwungen, sich vielfach auf Schätzungen zu stützen sowie auf Erhebungen und Berechnungen, die für einen Teil der Maschinenindustrie gelegentlich von privater Seite vorgenommen worden sind. In letzterer Hinsicht sind vor allem die regelmäßigen Erhebungen zu erwähnen, die seit einigen Jahren der Verein deutscher Maschinenbau-Anstalten vornimmt; wenn auch dieselben nur einen Teil, etwa ein Drittel, der gesamten Maschinenindustrie erfassen, so bieten sie doch sichere Grundlagen, auf denen sich Schätzungen mit einiger Zuverlässigkeit aufbauen lassen.

Zahlentafel 1.
Industrie, Landwirtschaft und Handel in Deutschland
nach den Ergebnissen der Berufzählungen der Jahre 1895 und 1907.
Die *Kursivzahlen* gelten für die *männlichen* Personen.

Beschäftigt waren	insgesamt		im Jahre 1907 waren		
	1895	1907	selbständige Personen und leitende Beamte	Beamte	Arbeiter[1])
insgesamt[2])	**22 060 065** *15 788 028*	**31 919 094** *20 942 756*	**8 743 800** *7 343 903*	**1 315 021** *1 153 411*	**21 860 273** *12 445 542*
in **Landwirtschaft**, Gärtnerei, Tierzucht, Forstwirtschaft, Fischerei	**11 987 600** *8 023 433*	**15 484 479** *8 192 487*	**4 801 196** *4 292 814*	**101 936** *85 348*	**10 581 347** *3 814 325*
in der **Industrie** einschließlich Bergbau und Baugewerbe	**7 914 380** *6 366 894*	**12 006 628** *9 645 429*	**2 397 108** *1 812 017*	**693 251** *628 859*	**8 916 269** *7 204 553*
in **Handel und Verkehr** einschließlich Gast- und Schenkwirtschaft . . .	**2 158 085** *1 397 701*	**4 427 987** *3 104 840*	**1 545 496** *1 239 072*	**519 884** *439 104*	**2 362 657** *1 426 664*

[1]) Die Ziffern dieser Spalte enthalten außer den gelernten und ungelernten Arbeitern auch die im Betriebe des Haushaltungsvorstandes tätigen Familienangehörigen. In Zahlentafel 2 sind diese dagegen unter c_1 gesondert aufgeführt.

[2]) Diese Ziffern umfassen nicht diejenigen Personen, die in häuslichen Diensten oder Lohnarbeit wechselnder Art, in Beamtenstellung (Militär-, Hof-, bürgerlicher oder kirchlicher Dienst) beschäftigt sind, und die Personen ohne Berufsangabe. Unter Hinzuziehung dieser würden sich die **Gesamtzahlen** wie folgt stellen:

	27 863 884 *17 873 057*	**37 789 040** *24 306 735*	**12 148 783** *8 956 679*	**3 206 502** *2 737 097*	**22 383 755** *12 612 959*

Ehe die Stellung der deutschen Maschinenindustrie[1]) im besonderen gegenüber den übrigen Industriegruppen betrachtet wird, dürfte es zweckmäßig sein, zunächst ein Bild von der Stellung der Gesamtindustrie in Deutschland gegenüber den beiden anderen Berufsgruppen des gesamten wirtschaftlichen Lebens, der Landwirtschaft und dem Handel, zu entwerfen.

In Zahlentafel 1 sind die Ergebnisse der Beruf- und Betriebzählungen der Jahre 1895 und 1907 zusammengestellt.

Danach ergibt sich, daß in diesem Zeitraume die Landwirtschaft zwar um 29 vH. zugenommen hat, dagegen in der Zahl der in ihr beschäftigten männlichen Personen fast auf dem gleichen Stand von rd. 8 Mill. Beschäftigten stehen geblieben ist; die Industrie hat sich insgesamt um 51 vH. vermehrt, und die Zahl der männlichen Beschäftigten ist von 6,4 auf 9,6 Mill. angewachsen; der Handel weist sogar einen Zuwachs der in ihm Beschäftigten um 105 vH. auf, und die männlichen Beschäftigten haben sich von 1,4 auf 3,4 Mill. vermehrt. Während im Jahre 1895 von der Gesamtziffer der in den drei Berufsgruppen Beschäftigten auf die Landwirtschaft 54,4 vH., auf die Industrie 35,8 vH. und auf den Handel 9,8 vH. entfielen, stellten sich diese Verhältniszahlen im Jahre 1907 auf 48,4, 37,7 und 13,9 vH.

Wie man sieht, entwickelt sich der Agrarstaat, als der Deutschland noch bis Mitte des vorigen Jahrhunderts angesprochen werden mußte, mehr und mehr zu einem Gebilde, in welchem neben der Landwirtschaft eine kräftige Industrie und ein blühender Handel gedeihen. Die Ziffern der beiden Zählungen lassen erkennen, daß die Entwicklung von Industrie und Handel ein wesentlich rascheres Tempo eingeschlagen hat, als diejenige der Landwirtschaft. Bereits überholt ist die Landwirtschaft von der Industrie bezüglich der Anzahl der in ihr beschäftigten männlichen Personen. Diese Entwicklung trifft in noch höherem Maße zu, wenn man nicht nur die Ziffer der Beschäftigten allein, sondern die Zahlen der Angehörigen mit in die Betrachtung einbezieht. 25 Jahre vor der letzten Zählung, im Jahre 1882, betrug der Anteil der in der Landwirtschaft beschäftigten Bevölkerung (Erwerbtätige und Angehörige) etwa 49 vH. der sich auf rd. 39 Mill. belaufenden Gesamtzahl der Berufszugehörigen, im Jahre 1907 dagegen nur noch etwa 28 vH. dieser nunmehr auf rd. 52 Mill. angewachsenen Summe, während der entsprechende Anteil der Industrie von etwa 41 vH. auf nahezu 49 vH. gestiegen ist.[1])

Eine vergleichende bildliche Darstellung des Umfanges von Landwirtschaft, Industrie sowie Handel und Verkehr nach den Ziffern der amtlichen Statistiken des Jahres 1907 zeigt Abbildung 1; dabei stellen die gestrichelten Kreise nach ihrem Flächeninhalte die Gesamtzahl der beschäftigten Personen dar, während für die Inhalte der inneren Kreise nur die männlichen Beschäftigten in den betreffenden Gruppen eingesetzt worden sind.

Beachtenswert ist aus Zahlentafel 1 noch die außerordentlich große Zahl selbständiger Personen in Landwirtschaft und Handel, wogegen in der Industrie und noch mehr im Handel die Beamtenzahlen sich sehr hoch erweisen.

Bei einem Vergleich zwischen der Maschinenindustrie und den anderen großen Untergruppen der Industrie muß zunächst der Begriff der „Maschinenindustrie" dadurch umgrenzt werden, daß festgelegt wird, welche Arbeitsgebiete die Maschinenindustrie umfassen soll. Die Anschauungen hierüber sind nicht ganz einheitlich; der Maschinenbau ist ein Zweig der sogenannten mechanischen Industrie, der Verarbeitungsindustrie des Metallgewerbes, zum Unterschied von den bergmännischen und hüttenmännischen Industriezweigen, die als Rohstoff- und Halbstoffindustrieen des Metallgewerbes anzusehen sind.

Innerhalb dieser in früheren Jahren als einheitlicher Gewerbzweig betrachteten mechanischen Industrie hat sich in neuerer Zeit eine ganze Reihe von Sondergebieten entwickelt, die sich als selbständige Industriegruppen neben den eigentlichen Maschinenbau stellen, so die Elektrotechnik, der Schiffbau, die Kleineisenindustrie, die Metallwarenindustrie, der Brücken- und Eisenbau und die Industrie der Instrumente und Apparate. Wohl sind die Grundlagen des Betriebes in allen diesen Industriezweigen noch immer die gleichen, wie im eigentlichen Maschinenbau, doch wird man heute, wenn man von der Maschinenindustrie schlechthin (im folgenden als „reine Maschinenindustrie" bezeichnet) spricht, diese Industriegruppen nicht mehr zum eigentlichen Maschinenbau rechnen. Man rechnet vielmehr dazu heute im allgemeinen nur diejenigen Werkstätten, die sich mit der unmittelbaren Herstellung von Kraft- und Arbeitsmaschinen befassen, wobei allerdings diese beiden Begriffe in ihrer weitesten Ausdehnung gelten. Dabei ist aber auf der anderen Seite zu beachten, daß die Arbeitsgebiete in den Werken nicht

Abbildung 1.
Industrie, Landwirtschaft und Handel in Deutschland nach der Berufzählung von 1907.

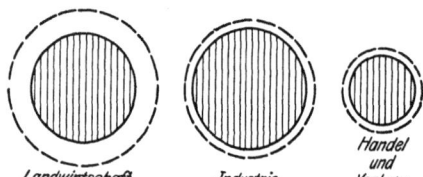

Flächeninhalt der äußeren, punktierten Kreise: Gesamtzahl der beschäftigten Personen.
Flächeninhalt der inneren Kreise: Zahl der beschäftigten männlichen Personen.

---

[1]) Die in der Arbeit gegebenen Zahlentafeln sind Erweiterungen der in einer früheren Arbeit veröffentlichten Zusammenstellungen: Die Stellung des deutschen Maschinenbaues im deutschen Wirtschaftsleben. Drucksache des V. d. M.-A. 1912, Nr. 1.

[1]) Philippovich, Grundriß der politischen Oekonomie I, 1911, S. 120.

scharf gegeneinander abgegrenzt sind, so daß in zahlreichen Werkstätten der Maschinenindustrie auch Erzeugnisse verwandter Industriezweige hergestellt werden.

Noch nach einer anderen Seite wäre eine Grenze zu ziehen, nämlich zwischen dem Handwerk und dem Maschinenbau. Eine scharfe Grenze läßt sich aber auch hier nicht festlegen, denn fortwährend vollzieht sich die Entwicklung der Schlosser- und Mechaniker-Werkstatt zum industriellen Betriebe, meistens zunächst zur Reparaturwerkstätte und aus dieser zur Maschinenfabrik.

Die amtlichen Zählungen führen nun diese Abgrenzung nicht erschöpfend durch, können dies

Zahlentafel 2.

Die wichtigsten Industriezweige in Deutschland

nach der Berufzählung vom 12. Juni 1907.

Die *Kursivzahlen* gelten für die *männlichen* Personen.

Beschäftigt waren 1907	Bezeichnung der amtlichen Statistik	insgesamt	selbständige Personen und leitende Beamte	Beamte	Arbeiter		im Betrieb des Haushaltungsvorstandes tätige Familienangehörige
					gelernte	ungelernte	
Bezeichnung der amtl. Statistik	—	a, b, c	a	b	c_2	c_3	c_1
in der Industrie insgesamt	B	12 006 628 *9 645 429*	2 397 108 *1 812 017*	693 251 *628 859*	8 648 654 *7 151 440* *5 039 853* *4 369 996*	*3 608 801* *2 781 444*	267 615 *53 113*
im Bergbau	B 1, 3, 4, 5, 6,	732 239 *716 690*	5 881 *5 739*	35 586 *35 454*	689 438 *674 929* *380 631* *380 116*	*308 807* *294 813*	1 334 *568*
in der Eisenindustrie	B 2, 28, 29	401 403 *390 460*	3 502 *3 415*	32 665 *32 069*	365 199 *354 965* *103 771* *102 997*	*261 428* *251 968*	37 *11*
in der mechanischen Industrie	B 30—54	1 797 296 *1 724 109*	253 820 *247 090*	140 503 *132 147*	1 392 046 *1 338 141* *1 039 737* *1 032 138*	*352 309* *306 003*	10 724 *6 731*
davon in der reinen Maschinenindustrie	B 40	472 581 *462 591*	14 417 *13 908*	75 326 *71 768*	382 377 *376 792* *237 135* *236 546*	*145 242* *140 246*	261 *123*
in der chemischen Industrie	B 55—60	161 187 *134 962*	13 718 *12 862*	24 216 *22 210*	122 934 *99 808* *12 982* *11 931*	*109 952* *87 877*	319 *82*
in der Textilindustrie	B 66—78	1 130 431 *551 887*	168 425 *84 700*	77 592 *70 016*	856 874 *393 412* *392 021* *198 914*	*464 853* *194 498*	27 540 *3 759*

Abbildung 2.
Vergleich der Hauptindustriezweige Deutschlands nach der Berufzählung von 1907.

Flächeninhalt der äußeren, punktierten Kreise: **Gesamtzahl der beschäftigten Personen.**
Flächeninhalt der inneren Kreise: Zahl der beschäftigten **männlichen** Personen.

auch nicht, da zu viele Grenzgebiete vorhanden sind, in denen die Verhältnisse ineinander übergehen. Trotzdem ist man bezüglich der Vergleiche der Industriezweige untereinander auf die Ziffern der amtlichen Zählungen angewiesen, weil sicherere Unterlagen nicht vorhanden sind.

Zahlentafel 2 und Abbildung 2, die nach dem Ergebnis der Berufzählung von 1907 zusammengestellt sind, zeigen die Stellung der deutschen Maschinenindustrie gegenüber den anderen großen Industriegruppen, dem Bergbau, der Hüttenindustrie, der chemischen Industrie und der Textilindustrie. Sie zeigen auch die Stellung der reinen Maschinenindustrie unter tunlichster Berücksichtigung der eben aufgestellten Abgrenzung innerhalb der zusammenfassenden Gruppe der mechanischen Industrie.

Die Ziffern der Zahlentafel 2 beweisen zunächst die überwiegende Bedeutung der mechanischen Industrie, die allein mehr Personen beschäftigt als Bergbau und Eisenindustrie zusammen; sie zeigen ferner, daß sich die reine Maschinenindustrie als durchaus ebenbürtig neben die beiden großen ihr verwandten Industriezweige, den Bergbau und die Eisenindustrie, stellen kann. Die Zahl der Arbeiter ist im Bergbau wohl etwas größer, in der Eisen- und Maschinenindustrie dagegen ungefähr gleich und kann in diesen beiden zu rd. 450 000 angenommen werden. Die Textilindustrie beschäftigt etwa doppelt soviel Arbeiter, während die chemische Industrie nur etwa den dritten Teil aufweist. Die Gesamtzahl der in Deutschland in der Industrie beschäftigten Arbeiter beläuft sich auf rd. 10 Millionen.

Sehr zu beachten ist, daß die Maschinenindustrie eine weit größere Zahl von gelernten Arbeitern und vor allem von Beamten beschäftigt als die anderen Industriegruppen. Der Prozentsatz der gelernten Arbeiter ist in keinem Industriezweig so hoch, wie in der Maschinenindustrie, und in dem Verhältnis der Beamtenzahl zur Anzahl der beschäftigten Arbeiter kommt ihr nur die chemische Industrie gleich[1]). Diese Verhältnisse geben ein Bild von dem großen Aufwand an geistiger Arbeit, den die Maschinenindustrie bedingt, und von ihrer großen Bedeutung für die heimische Volkswirtschaft.

In Abbildung 2 sind in der gleichen Darstellungsweise und in dem gleichen Maßstab wie in Abbildung 1 die Ziffern der Zahlentafel 2 zusammengestellt; in dem Kreis der mechanischen Industrie ist die Zahl der in der reinen Maschinenindustrie beschäftigten männlichen Arbeiter durch einen strichpunktierten Kreis angedeutet.

Nach einer kürzlich vom Verein deutscher Maschinenbau-Anstalten vorgenommenen Erhebung kommen in der Maschinenindustrie zurzeit alljährlich durchschnittlich 635 Mill. ℳ an Arbeitslöhnen ungerechnet der Beamtengehälter zur Auszahlung, das bedeutet mehr als 25 vH. des gesamten Wertes der Erzeugnisse. In einzelnen Fachabteilungen der Maschinenindustrie erhebt sich dieser Prozentsatz sogar auf 30 bis 35 vH., je nach dem Grade der Verfeinerung der Erzeugnisse. Diese Anteilziffern kennzeichnen den Wert der Maschinenindustrie als verfeinernde Industrie und das Interesse, das die gesamte Volkswirtschaft in sozialer Hinsicht an dem Wohlergehen dieses Industriezweiges haben muß, insbesondere mit Rücksicht darauf, daß es sich beim Maschinenbau in der großen Mehrheit um gehobene Arbeiter und gelernte Facharbeiter handelt.

Die Zusammensetzung der in der Zahlentafel 2 zusammengefaßten Gruppe der mechanischen Industrie ist, wie bereits erwähnt, außerordentlich verschiedenartig. Die dort gegebene Unterteilung der mechanischen Industrie zeigt bereits, daß die reine Maschinenindustrie nur ein Drittel der Arbeiter und etwa die Hälfte der Beamten enthält. Die Zahlentafel 3 legt die Verhältnisse innerhalb der mechanischen Industrie noch genauer dar.

Nach dieser Zahlentafel, welche die Zahlen der den betreffenden Beruf ausübenden Personen zugrunde legt, ergibt sich, daß von der gesamten mechanischen Industrie rd. die Hälfte auf die In-

Zahlentafel 3.
Die Gruppen der mechanischen Industrie
nach der Berufzählung vom 12. Juni 1907.

Industrie-Art	Bezeichnung der amtl. Statistik	Gesamtzahl der den betr. Beruf ausübenden Personen
Mechan. Industrie insgesamt	B 30—54	1 797 296 *100 vH.*
Metallwaren Erzeugnisse der Klempnerei, Schmiede und Schlosserei; Blechwaren, Nägel und Schrauben, Geldschränke, Messer, Waffen, Feilen, Kurzwaren, Nadeln, Drahtwaren, Schreibfedern	B 30—39	863 292 *48,0 vH.*
Maschinen und Apparate . . **Automobile und Fahrräder** . .	B 40 B 43	493 854 *27,6 vH.*
davon: reine Maschinenindustrie . . . (Maschinen und Apparate)	B 40	472 381 *26,4 vH.*
davon: Automobile und Fahrräder . .	B 43	21 473 *1,2 vH.*
Schiffbau	B 44	46 702 *2,6 vH.*
Verschiedenes Mühlenbau, Wagenbau, Schußwaffen, Beleuchtungsapparate	B 41, 42, 45, 46, 51, 52	160 701 *8,9 vH.*
Instrumente Uhren, phys. u. chir. Instr., Musikinstrumente	B 47, 48, 49, 50	133 310 *7,4 vH.*
Elektrotechnik Elektr. Maschinen, Apparate, Anlagen, Kabel	B 53, 54	99 437 *5,5 vH.*

---

[1]) Aehnliche Verhältnisse in bezug auf die Beamtenschaft weist in den Untergruppen der mechanischen Industrie auch die elektrotechnische Industrie (B 53, 54) auf, deren Ziffern sich wie folgt stellen:

a, b, c	a	b	c_2	c_3	c_1
99 437	4 993	19 781	74 553		110
87 713	*4 883*	*17 994*	*64 791*		*45*
			30 071	44 482	
			29 687	*35 104*	

Die elektrotechnische Industrie hat gegenüber der reinen Maschinenindustrie einen größeren Prozentsatz ungelernter Arbeiter und darunter wieder einen hohen Satz weiblicher Arbeiter.

dustrie der sogenannten Metallwaren[1]) (Erzeugnisse der Klempnerei, Schmiede und Schlosserei, Blechwaren, Nägel und Schrauben, Geldschränke, Messer, Waffen, Feilen, Kurzwaren, Nadeln, Drahtwaren, Schreibfedern) entfällt, während die „reine Maschinenindustrie" etwa ein Drittel der gesamten in der mechanischen Industrie Erwerbstätigen umfaßt; die Kraftwagen- und Fahrradindustrie ist, ihrer Betriebsform entsprechend, der reinen Maschinenindustrie zugerechnet, die Unterteilung gibt jedoch einen Ueberblick über die in ihr beschäftigten Personen. Der Rest verteilt sich auf Schiffbau, Elektrotechnik, Instrumentenmacherei und verschiedene Zweige, die wohl zur mechanischen Industrie gerechnet werden müssen, aber doch nicht als Maschinenbau oder Metallwarenindustrie angesprochen werden können, weil sie in großem Umfange Holzbearbeitung und die Verwendung von Holz betreiben, zB. Mühlenbau und Wagenbau, außerdem die Anfertigung von Schußwaffen und von Beleuchtungskörpern.

Sodann bietet noch Interesse die Zusammensetzung der „reinen Maschinenindustrie", die aus Zahlentafel 4 zu ersehen ist. Allerdings konnten hier nicht dieselben Erhebungen zugrunde gelegt werden wie den Zahlentafeln 1 bis 3, sondern es mußte für das weitere Eindringen in die Einzelheiten auf die zu demselben Zeitpunkte vorgenommene Betriebzählung zurückgegriffen werden. Diese allein weist nämlich eine so weitgehende Gliederung auf, da sie die Berufart B 40 der Berufzählung noch in 18 einzelne Gewerbearten unterteilt.

Der Umstand, daß diese beiden Zählungen nicht nach völlig einheitlichen Grundsätzen durchgeführt sind, ist die Ursache häufiger, zum Teil nicht unbedeutender Unterschiede bei Zahlenangaben, die in Wirklichkeit übereinstimmen sollten, und so erklären sich die Unterschiede in den Zahlenangaben der Zahlentafeln. Die Berufzählung zählt zB. „die den betreffenden Beruf ausübenden Personen", die Betriebzählung dagegen gibt „die Zahl der beschäftigten Personen", wobei auch die im Nebenberuf Beschäftigten mitgezählt werden, ja sogar Doppelzählungen von Personen, die nebenberuflich in anderen Betrieben beschäftigt werden, nicht ausgeschlossen sind, so daß also die Ziffern der Beschäftigten nach der Betriebzählung durchweg höher sein werden, als die entsprechenden Ziffern nach der Berufzählung.

So stimmen zB. in den Zahlentafeln 3 und 4 die Ziffern für „Maschinen und Apparate" keineswegs überein. Nach Zahlentafel 4 ist diese Ziffer erheblich höher als nach Zahlentafel 3. Es erscheint fraglich, ob dieser auffallende Unterschied nur auf die verschiedene Durchführung der Zählungen zurückzuführen ist, ob nicht vielmehr Fehler bei den Aufnahmen mit unterlaufen sind. Leider lassen sich

[1]) Der Begriff „Kleineisenindustrie" ist hierauf nicht anwendbar; von den Betrieben der Kleineisenindustrie, die in vielen Fällen als „mechanische" Betriebe im Gegensatz zu den „Hüttenmännischen" Betrieben anzusehen wären, sind die meisten bei der Berufzählung der „Eisenindustrie" zugerechnet.

bei eingehender Verarbeitung der statistischen Unterlagen solche Vermutungen nicht immer von der Hand weisen und es muß bei der Benutzung der Statistiken stets mit einer gewissen Vorsicht verfahren werden.

Der Zahlentafel 4 ist, wie bereits erwähnt, die Gesamtheit der in den betreffenden Gewerbearten beschäftigten Personen zugrunde gelegt. Die Statistik weist eine ziemlich weitgehende Unterteilung auf,

Zahlentafel 4.
Die Arten der „reinen Maschinenindustrie",
(B 40, „Maschinen und Apparate")
nach der Betriebzählung vom 12. Juni 1907.

Gewerbeart	Bezeichnung der amtl. Statistik	Zahl der beschäftigten Personen
Maschinen und Apparate (insgesamt)	VI a. 1—18 (B 40)	542 996
Dampfmaschinen und Dampfturbinen, Lokomotiven, Lokomobilen	VI a. 1	69 513
Verbrennungs- und Explosionsmotoren	VI a. 2	4 498
Landwirtschaftliche Maschinen und Geräte	VI a. 3	41 514
Spinnerei-, Weberei- und sonstige Textilmaschinen	VI a. 4	31 072
Nähmaschinen und Nähmaschinenteile	VI a. 5 u. 6	20 038
Eiserne Baukonstruktionen	VI a. 7	30 036
Zentralheizungen	VI a. 8	9 255
Automaten (ausschl. Gas- u. Musikautomaten)	VI a. 9	1 287
Buchdruckereimaschinen	VI a. 10	7 318
Dampfkessel und Armaturen	VI a. 11	31 366
Maschinen und Apparate für Waschanstalten	VI a. 12	1 590
Fahrstühle und Aufzüge	VI a. 13	3 180
Brauerei- und Brennereimaschinen	VI a. 14	7 224
Maschinen und Apparate für Gas- und Wasseranlagen	VI a. 15	9 254
Pumpen, Kräne, Ventilatoren, hydraulische Anlagen	VI a. 16	7 997
Feuerlöschgeräte und -Maschinen	VI a. 17	1 693
Sonstige Maschinen und Apparate	VI a. 18	266 161

die allerdings trotzdem nur wenig mehr als die Hälfte der in dieser Gruppe zusammengefaßten Personen auf die verschiedenen Zweige des Maschinenbaues verteilt, denn unter „sonstige Maschinen und Apparate" finden sich von den 542 996 Personen allein 266 161, also 49 vH. Das ist ein Zeichen dafür, wie außerordentlich schwierig es ist, in der weitverzweigten Maschinenindustrie bei der Verschiedenheit der Erzeugnisse und dem Ineinandergreifen der verschiedenartigen Erzeugungen eine erschöpfende Unterteilung durchzuführen. Zugleich zeigt der geringe Umfang mancher Unterabteilungen, zB. Automaten, Wäschereimaschinen, Feuerlöschgeräte, daß diese eigentlich keine Berechtigung haben, als besondere Unterabteilungen geführt zu werden. Auch wird infolge der bereits erwähnten Verschiedenheit der Erzeugnisse mancher Betriebe eine wirklich einwandfreie Unterteilung der Beschäftigten auf die verschiedenen Untergruppen wohl nicht immer stattgefunden haben. Dieser Umstand bestätigt sich, wenn man tiefer in die Einzelheiten der Statistik eindringt, und ist vor allem auch bei den folgenden Darlegungen wohl zu beachten. Dieser Uebelstand der amtlichen Statistik kann sie aber nicht völlig wertlos machen; ähnliche statistische Ziffern sind überhaupt nicht vorhanden, und bei vorsichtiger Bewertung ergeben sich doch mancherlei Schlüsse aus der Betrachtung der Statistik.

Zunächst gibt sie die Möglichkeit, ein Bild von der Verteilung der Industrie innerhalb Deutschlands zu gewinnen, und so die Bedeutung der Maschinenindustrie und ihrer besonderen Zweige für die verschiedenen Landesteile zu untersuchen.

Dazu sind die Angaben der Statistik auf den Tafeln 1 und 2 zeichnerisch in einer Reihe von Karten dargestellt worden, um ein möglichst übersichtliches Bild zu erhalten.

Auch diesen Darstellungen sind die amtlichen Ergebnisse der Zählungen von 1907 zugrunde gelegt.

Die Karten umfassen in drei Gruppen folgende Darstellungen:

I. (Karten 1 bis 6) die Gesamtindustrie mit einem Teil der Industriezweige, aus denen sie sich zusammensetzt, dem Bergbau, der Eisenindustrie, der mechanischen Industrie, der chemischen Industrie und der Textilindustrie.

II. (Karten 7 bis 13) die mechanische Industrie unterteilt nach sechs Untergruppen.

III. (Karten 14 bis 31) die reine Maschinenindustrie (Untergruppe der mechanischen Industrie), unterteilt nach 17 verschiedenen Industriearten.

Aus verschiedenen Gründen ließen sich die Darstellungen auf den Karten nicht ganz einheitlich gestalten, was zum Teil durch die verschiedene Farbe des Untergrundes zum Ausdruck kommt. Zunächst machten die zwischen weiten Grenzen schwankenden Zahlen der Erwerbstätigen bei der Gesamtindustrie und bei den einzelnen, in Gruppen und Arten weit unterteilten Industriezweigen bei der Darstellung durch Kreisflächen die Anwendung eines einheitlichen Maßstabes unmöglich. Bei der Unterteilung der Maschinenindustrie in ihre verschiedenen Spielarten (Zahlentafel 4 und Kartengruppe III) standen ferner, wie bereits erwähnt, nur die Ergebnisse der Betriebzählung aus der amtlichen Statistik zur Verfügung, während für die mechanische Industrie mit ihren Untergruppen (Zahlentafel 3 und Kartengruppe II) und für die Gesamtindustrie und ihre Zweige (Zahlentafel 2 und Kartengruppe I) eine Berufzählung durchgeführt ist.

Die Berufzählung ist außerdem im Königreich Preußen nach Regierungsbezirken und in den anderen Bundesstaaten nach entsprechenden Einteilungen vorgenommen worden, die Betriebzählung dagegen nur nach Provinzen und Bundesstaaten (nur die größten Bundesstaaten neben Preußen sind noch unterteilt). Im ersteren Falle weisen also die Karten eine wesentlich größere Zahl von Kreisen auf als im letzteren.

Den Darstellungen der Kartengruppe I ist ein einheitlicher Maßstab zugrunde gelegt, so daß sich bei ihrer Betrachtung ohne weiteres Schlüsse ziehen lassen über das Stärkeverhältnis der einzelnen Industriegruppen und ihren Anteil an der Gesamtindustrie.

Karte 1: *Gesamtindustrie*, zeigt, wie nicht anders zu erwarten, eine ziemlich allgemeine Verteilung über das ganze Reich, wenn auch einige Bezirke als vorwiegende Industriebezirke in die Erscheinung treten zB. Rheinland-Westfalen, Sachsen, Schlesien, Berlin mit der Provinz Brandenburg.

2: *Bergbau*. Bei der vollständigen Abhängigkeit des Bergbaues von der Bodenbeschaffenheit des Landes kann diese Industriegruppe nur in Gegenden vertreten sein, in denen Kohle oder Erze vorkommen, oder wo sich Kali- oder Salzlager befinden.

Die Karte läßt auf den ersten Blick die drei Hauptgebiete des Bergbaues erkennen, das Ruhr- und Saargebiet im Westen und das schlesische Gebiet im Osten des Reiches. Die sonstigen über das Reich verteilten Betriebe, die dem Kalibergbau oder dem Salinenwesen angehören, treten dagegen ziemlich in den Hintergrund.

3: *Eisenindustrie*. Die Eisenindustrie lehnt sich in ihrer Verbreitung über das Reich stark an den Bergbau an. Dies erklärt sich durch die erforderliche Rücksichtnahme auf die Frachtkosten der großen von ihr verarbeiteten Rohstoffmassen.

4: *mechanische Industrie*. Im Gegensatz zu den beiden vorherigen Karten zeigt die mechanische Industrie eine allgemeine Verteilung über das ganze Reich, entsprechend der Verteilung der Gesamtindustrie (Karte 1). Es wird wohl kaum einen Industriezweig geben, der in so gleichmäßiger Weise und in solchem Umfange die Interessen sämtlicher Landesgebiete berührt.

5: *chemische Industrie*. Die chemische Industrie, deren wesentlich geringere Arbeiterzahl in den verhältnismäßig kleinen Kreisflächen zum Ausdruck kommt, ist entsprechend der Vielseitigkeit ihrer Erzeugnisse, die überall Absatz und Rohstoffe finden, über das ganze Reich verbreitet.

6: *Textilindustrie.* In der Textilindustrie treten verschiedene Gegenden durch ihre überlegene Bedeutung hervor, so das Rheinland durch den Regierungsbezirk Düsseldorf, das Elsaß und vor allem das Königreich Sachsen, die Lausitz und Schlesien, während die östlichen Provinzen des Königreiches Preußen nicht in nennenswerter Weise an dieser Industriegruppe beteiligt sind.

Kartengruppe II umfaßt sechs Untergruppen der mechanischen Industrie. Der größeren Uebersichtlichkeit wegen ist die Karte der gesamten mechanischen Industrie den Untergruppen, allerdings in dem Maßstabe der Gruppe I, nochmals vorangestellt (Karte 7 ist also gleich der Karte 4).

Die sechs Untergruppen der mechanischen Industrie sind:

8: *Metallwaren.* Auch hier sind wieder den anderen weit überlegen die Regierungsbezirke Düsseldorf und Arnsberg, dann Potsdam und Berlin. In Schlesien treten Oppeln und Breslau besonders hervor; oben im Norden Schleswig. Ferner sind noch besonders zu erwähnen das Königreich Sachsen und die Thüringischen Staaten. Beachtenswert ist auch die große Zahl der in dieser Untergruppe beschäftigten Personen, die sich aus der Mannigfaltigkeit der in ihr zusammengefaßten Erzeugnisse erklärt.

9: *Maschinen und Apparate, Automobile.* An erster Stelle steht wieder der Regierungsbezirk Düsseldorf, dann folgen ungefähr in derselben Stärke Arnsberg, Berlin und Potsdam sowie die sächsischen Kreise, insbesondere die Kreishauptmannschaft Chemnitz.

Die *Automobilindustrie* (zu welcher die *Fahrradindustrie* mitgerechnet ist) an sich würde ein etwas anderes Bild geben: hier stehen an erster Stelle Potsdam und der württembergische Neckarkreis, dann folgen Chemnitz und der Regierungsbezirk Wiesbaden. Rheinland und Westfalen treten bei ihr mehr in den Hintergrund.

10: *Schiffbau.* Hier ist die Verteilung ohne weiteres mit der geographischen Lage gegeben. Sitze dieser Industrie sind fast ausschließlich die Plätze an der Küste; im Binnenland ist an den Flußläufen in der Hauptsache Kleinschiff- und Bootsbau vertreten.

11: *Verschiedenes.* Auf dieser Karte sind mehrere Industriezweige zusammengefaßt, die zwar als zur mechanischen Industrie zugehörig anzusehen sind, aber, namentlich mit Rücksicht auf ihre ausgedehnte Verwendung von Holz und anderen Rohstoffen außer Eisen und Stahl nicht dem reinen Maschinenbau beizurechnen sind: der Mühlenbau, Wagenbau, die Industrie der Schußwaffen und Beleuchtungsapparate.

Bei der Zusammenstellung überragen in etwa nur der Regierungsbezirk Potsdam und die Stadt Berlin.

Im *Mühlenbau* treten besonders hervor Braunschweig und die Kreishauptmannschaft Dresden in Sachsen.

Der *Wagenbau* ist ziemlich gleichmäßig über das Reich verteilt, die höchsten Ziffern haben in Preußen die Regierungsbezirke Breslau, Potsdam, Cöln, Düsseldorf, Liegnitz und Oppeln, und außerhalb Preußens: Thüringen, Mecklenburg-Schwerin und Mecklenburg-Strelitz.

Schußwaffen kommen hauptsächlich aus den Regierungsbezirken Erfurt und Potsdam und aus dem württembergischen Schwarzwaldkreis.

Beleuchtungsapparate (nicht elektrische) werden hauptsächlich hergestellt in der Stadt Berlin, in den Regierungsbezirken Potsdam und Arnsberg und in der Kreishauptmannschaft Leipzig. Es ist anzunehmen, daß ein großer Teil dieser Industrie sich auch in der Gruppe Metallwaren (Karte 8) findet

12: *Instrumente und Apparate.* Bei der Zusammenfassung von Uhren, physikalischen und chirurgischen Instrumenten sowie Musikinstrumenten fallen besonders ins Auge der württembergische Schwarzwald, Berlin, Potsdam, Zwickau, Leipzig, Dresden, Konstanz und Thüringen.

Hierbei sind Zwickau und Leipzig durch ihre Industrie der *Musikinstrumente* ausgezeichnet, während die anderen ihre hervorragende Stellung in der Hauptsache der Herstellung von *Uhren* sowie *physikalischen und chirurgischen Instrumenten* verdanken.

13: *Elektrotechnik.* Wie ohne weiteres ersichtlich, liegt der Schwerpunkt der elektrotechnischen Industrie infolge der Großfirmen in Berlin und Regierungsbezirk Potsdam.

Weiterhin treten noch etwas hervor in Preußen die Regierungsbezirke Cöln, Düsseldorf, Arnsberg und Wiesbaden; in Bayern: Oberbayern und Mittelfranken; im Königreich Sachsen: Dresden, Leipzig, Chemnitz; in Württemberg: der Neckarkreis; in Baden: Mannheim; ferner Thüringen und Hamburg. Hier ist deutlich das Bestreben einer Konzentration auf die großen Städte erkennbar, die an sich dem Industriezweig Arbeit bieten und von denen aus der umliegende Bezirk, auch wenn er sehr industriell ist, mitversorgt wird; meist finden sich auch die Reparaturwerkstätten in den größeren Städten. Mitbestimmend ist dabei, daß sich nur in den größeren Städten die hochwertige Arbeiterschaft findet, welche dieser Arbeitszweig benötigt.

Beachtenswert ist, daß in allen denjenigen Zweigen der mechanischen Industrie, in denen hochwertige Facharbeit, namentlich Mechanikerarbeit verlangt wird, Berlin und dessen Umgebung, der Regierungsbezirk Potsdam, ein Uebergewicht aufweisen. Sodann tritt, abgesehen von dem Schiffbau, bei dem sich die Lage an der Küste von selbst ergibt, bei verschiedenen Kreisen des Deutschen Reiches eine besondere Vorliebe für bestimmte Zweige des Maschinenbaues hervor. Dabei handelt es sich meistens um alte Industrieen, die seit langer Zeit dort ansässig sind, früher in der Form der Hausindustrie betrieben und neuerdings zum Fabrikbetriebe übergeführt worden sind. Der Schwarzwald mit seiner Vorliebe für alle Zweige, die dem Mechanikergewerbe nahestehen, ist wohl das treffendste Beispiel hierfür.

Es ist daher nicht ohne Interesse, auch weiter den einzelnen Arten der reinen Maschinenindustrie nachzugehen, soweit die Statistik dies ermöglicht. Zu diesem Zwecke muß, wie dies in Zahlentafel 4 geschehen, auf die Betriebzählung allein zurückgegriffen werden, die allerdings nicht die weitgehende Unterteilung nach Regierungsbezirken, sondern nur eine solche nach Provinzen aufweist. Aufgrund dieser Unterlagen geben die Karten der Kartengruppe III eine Uebersicht über die reine Maschinenindustrie unterteilt in 17 Industriearten nach der Einteilung der amtlichen Statistik.

Karte 14 zeigt noch einmal das Gesamtbild der Industrie der Maschinen und Apparate (also gleich Karte 9; auch in demselben Maßstabe), jedoch ohne Automobilbau. Ueber die Verteilung ist daher nichts Neues zu bemerken, es ist nur zu beachten, daß nicht nach Regierungsbezirken, sondern nur nach Provinzen unterteilt ist.

Bei den folgenden 17 Karten der Unterteilung ist ein wesentlich größerer Maßstab zur Darstellung verwendet worden.

15: *Dampfmaschinen, Dampfturbinen, Lokomotiven und Lokomobilen.* Von allen Unterabteilungen ist diese am gleichmäßigsten verteilt, sowohl nach der Stärke als nach der Lage.

16: *Verbrennungs- und Explosionsmotoren.* Nach der vorliegenden Karte hätte in diesem Zweig nur die Provinz Hannover eine bedeutendere Industrie aufzuweisen, was wohl auf die Firma Körting in Hannover zurückzuführen sein dürfte, deren Beschäftigte anscheinend sämtlich in diese Unterabteilung eingereiht sind.

Wenn nun auch seit dem Zählungsjahr 1907 bedeutende Vergrößerungen von Betrieben auf diesem Gebiete erfolgt sind, so ist es doch augenscheinlich, daß im vorliegenden Falle die Statistik versagt. In der Rheinprovinz zB. müßte doch unter allen Umständen die Gasmotorenfabrik Deutz mit ihrem schon im Jahre 1907 sehr ausgedehnten Betriebe hervortreten; ebenso in Bayern die Maschinenfabrik Augsburg-Nürnberg.

Dies ist ein deutlicher Beweis dafür, daß beim Gebrauch der amtlichen Statistiken große Vorsicht geboten ist, da sie durchaus nicht frei von Fehlern sind, die sich vermutlich durch falsche Angaben bei der Aufnahme oder unrichtige Verwertung der gemachten Angaben eingeschlichen haben.

17: *landwirtschaftliche Maschinen und Geräte.* Dieser Industriezweig weist ganz ansehnliche Zahlen von beschäftigten Personen auf und ist gleichmäßig verteilt, wobei besonders die Beteiligung der sonst ziemlich industriearmen östlichen Provinzen, Ost- und Westpreußen, auffällt, was in der dortigen ausgedehnten Landwirtschaft als unmittelbarem Absatzgebiet seine Erklärung findet.

18: *Spinnerei-, Weberei- und sonstige Textilmaschinen.* Hier steht mit Rücksicht auf das große Absatzgebiet seiner Textilindustrie allen voran die Industrie des Königreiches Sachsen; als weitere Hauptgebiete treten hervor das Rheinland und Elsaß-Lothringen. Auch Württemberg und die Provinz Sachsen haben noch ganz ansehnliche Ziffern aufzuweisen.

19: *Nähmaschinen und Nähmaschinenteile.* Auch hier steht wieder die sächsische Industrie an der Spitze. Es folgen Baden, die Pfalz, dann Berlin, Provinz Westfalen (Bielefeld), Pommern und Sachsen-Altenburg.

20: *Eiserne Baukonstruktionen.* Die Industrie des Eisenbaues, worin der Brückenbau das Hauptgewicht aufweist, wenn auch in neuerer Zeit der Eisenfachwerkbau immer größere Ausdehnung gewinnt, hält sich sowohl wegen des verwendeten Baustoffes als auch wegen des gleichzeitigen bedeutenden Absatzes in möglichster Nähe der Eisenhüttenindustrie, vor allem in Rheinland-Westfalen, dann auch in Schlesien und im Königreich Sachsen auf; ferner tritt infolge eines großen Absatzes vor allem noch Berlin in die Erscheinung.

21: *Zentralheizungen.* Außer den hervortretenden Ziffern des Königreiches Sachsen, der Rheinprovinz und Berlin sind besonders auffallende Unterschiede nicht vorhanden; dieser Industriezweig zeigt vielmehr entsprechend dem gleichmäßigen Absatzgebiet eine ziemlich gleichmäßige Verbreitung.

22: *Automaten.* Die Stadt Berlin, die Provinzen Rheinland und Hessen-Nassau, das Königreich Sachsen und das Großherzogtum Baden sind sozusagen die alleinigen Träger dieser Industrie. Und auch die genannten Gegenden beschäftigen hierin nur je ein paar hundert Personen. Man muß sich fragen, ob diese Unterabteilung in der amtlichen Statistik überhaupt eine Berechtigung hat.

23: *Buchdruckereimaschinen.* Den größten Anteil an diesem Industriezweig weist das Königreich Sachsen auf, infolge der Konzentration des Buchdruckgewerbes in Leipzig; stärker beteiligt sind noch Nordbayern und die Pfalz, sowie Berlin. Im übrigen beschränkt sich dieser Zweig der Maschinenindustrie auf wenige weitere Provinzen mit einigen hundert Arbeitern, so daß von allgemeiner Verteilung nicht die Rede sein kann; insbesondere ist im Osten des Reiches gar nichts davon vorhanden.

24: *Dampfkessel und Armaturen.* Dieser Zweig, der wieder größere Bedeutung aufweist, verteilt sich ähnlich wie der Dampfmaschinenbau gleichmäßig über das ganze Land, sich der allgemeinen Verteilung der Industrie anschließend, wie bei dem allgemeinen Bedarf nicht anders zu erwarten; das Rheinland tritt wieder einmal besonders hervor.

25: *Maschinen und Apparate für Waschanstalten.* Zu erwähnen sind nur Sachsen-Meiningen und das Rheinland mit je einigen hundert Arbeitern; dazu kommen noch Königreich Sachsen, Württemberg und einige Provinzen von Preußen mit je etwa hundert Arbeitern. Im Norden, Osten und im Südwesten des Reiches ist der Industriezweig, der ebenso wie die Automatenindustrie nur geringere Bedeutung besitzt, so daß seine gesonderte Aufführung sich kaum rechtfertigt, nicht vertreten.

26: *Fahrstühle und Aufzüge.* Hier findet sich eine Zusammendrängung an wenigen Plätzen. Hauptsitze sind Berlin und das Königreich Sachsen, daneben kommen noch in Betracht Württemberg, die Provinzen Schlesien, Rheinland, Hessen-Nassau und das Großherzogtum Hessen mit je etwa hundert Arbeitern. Dieser Zweig bevorzugt die großen Städte, einmal wegen des Absatzes und dann wegen der hochwertigen Facharbeiter, die er namentlich für die Aufstellung und Inbetriebsetzung benötigt.

27: *Brauerei- und Brennereimaschinen.* Hier tritt besonders die sächsische Industrie hervor; im übrigen ist die Verteilung ganz ähnlich wie bei den landwirtschaftlichen Maschinen, also auch auf den Osten ausgedehnt, aber nirgends besonders stark, obwohl die Gesamtziffer infolge der vielen Kleinbetriebe, welche sich mit der Herstellung von Einrichtungen für die kleinen Brauereien und Brennereien beschäftigen, nicht unbedeutend ist. Bayern tritt trotz seiner bedeutenden Brauindustrie nicht besonders in die Erscheinung, ebensowenig Berlin.

28: *Maschinen und Apparate für Gas- und Wasseranlagen.* Berlin, Rheinland und das Königreich Sachsen haben bedeutende Ziffern in diesem Industriezweige aufzuweisen, daneben in zweiter Linie die Provinzen Schlesien, Brandenburg und Sachsen; im übrigen zeigt die gleichmäßige Verteilung, daß hierin allerorts Bedarf vorhanden ist.

29: *Pumpen, Krane, Ventilatoren, hydraulische Anlagen.* Auch hier zeigt sich eine weitgehende allgemeine Beteiligung des gesamten Landes. Führend ist nach der Statistik das Großherzogtum Baden; die Provinz Sachsen und das Königreich Sachsen treten ebenfalls durch ihren Anteil hervor, während die anderen Gebiete einigermaßen gleich beteiligt sind.

Auch hier zeigt sich, daß die amtliche Statistik auf teilweise fehlerhafte Unterlagen aufbaut, denn der große Anteil der rheinisch-westfälischen Maschinenindustrie, der gerade in dieser Maschinenart unbestritten ist, tritt nicht in Erscheinung.

30: *Feuerlöschgeräte und -maschinen.* Außer der hier an erster Stelle stehenden württembergischen Industrie sind nur noch im Königreich Sachsen und in den Provinzen Brandenburg und Rheinland je einige hundert Arbeiter in diesem Industriezweige tätig; die übrigen Plätze sind kaum erwähnenswert. Dieser Industriezweig weist ebenso wie der Bau von Automaten und Wäschereimaschinen nur untergeordnete Bedeutung auf.

31: *Sonstige Maschinen und Apparate.* Hier ist noch eine ganze Reihe von Industriezweigen zusammengefaßt, und es wäre leicht möglich und im Interesse weiterer Klarheit auch wohl erwünscht, daß davon bei späteren Zählungen noch einzelne abgesondert würden. Umfaßt doch diese Sammelgruppe, wie Zahlentafel 4 zeigt, über die Hälfte der in der reinen Maschinenindustrie nachgewiesenen beschäftigten Personen. Naturgemäß weist die Verteilung gegenüber derjenigen der ganzen Gruppe (Karten 14 und 9) keine nennenswerten Unterschiede auf.

Zusammenfassend mögen noch einmal kurz diejenigen Gruppen der reinen Maschinenindustrie genannt werden, die über das ganze Reich in etwa gleichmäßig verteilt sind, nämlich: Dampfmaschinen (15) und Dampfkessel (24); Pumpen, Krane und Ventilatoren (29); Maschinen für die Landwirtschaft (17) und für Brauereien und Brennereien (27); ferner Zentralheizungen (21), Maschinen und Apparate für Gas- und Wasseranlagen (28) und zuletzt die vielgestaltige Gruppe der „sonstigen Maschinen und Apparate" (31).

Weiterhin könnten noch einige Gruppen zusammenfassend angeführt werden, in denen die sächsische Maschinenindustrie an der Spitze steht, nämlich: Textilmaschinen (18), Nähmaschinen (19) und Buchdruckereimaschinen (23). Doch treten hier außer dem Königreich Sachsen auch noch einige andere Gebiete stark hervor, die bei der Besprechung der einzelnen Gruppen bereits erwähnt wurden.

Für die übrigen Gruppen ergeben sich bei dieser Betrachtung keine neuen Gesichtspunkte. Die zeichnerischen Darstellungen der Ergebnisse der Betrieb- und Berufzählung bestätigen, was allgemein auch bekannt ist, daß der Maschinenbau sich naturgemäß zunächst in unmittelbarer Nähe seiner Absatzgebiete entwickelt hat. Rheinland-Westfalen und das Königreich Sachsen waren infolge ihrer frühzeitig entwickelten Bergbau-, Eisen- und Textilindustrieen die ersten Pflanzstätten des deutschen Maschinenbaues[1]); Bergbau und Eisenindustrie lieferten zugleich dem Maschinenbau seine Rohstoffe. Die Nähe des Absatzgebietes bietet neben der durch den örtlichen Bedarf gegebenen Anregung den Vorteil der geringeren Frachtkosten, der namentlich bei den schweren Maschinen für den Bergbau und das Hüttenwesen von Bedeutung ist. Aber schon früh zeigte sich, daß die Frachtkosten zurücktreten, sobald die Güte der Erzeugnisse besonders hoch steht; wurden doch schon zu Anfang des vorigen Jahrhunderts Bergwerksmaschinen aus dem Rheinlande nach Oberschlesien geliefert und zwar unter den damaligen schwierigen Transportverhältnissen.

Die Entwicklung der Maschinentechnik hat es mit sich gebracht, daß die Maschinenindustrie möglichste Hochwertigkeit und Güte der Erzeugnisse anstreben muß, wofür aber ganz besonders eine hochwertige Arbeiterschaft notwendig ist. Diese findet sich in den Großstädten meist in größerer Menge als in den ländlichen Bezirken, und so bildet die Rücksicht darauf ein weiteres Moment bei der Verteilung der Maschinenindustrie über das Land.

---

[1]) Ueber die Entwicklung der rheinisch-westfälischen Maschinenindustrie vergl. Fr. Frölich: „Die Maschinenindustrie" in „Heimat- und Wirtschaftskunde für Rheinland und Westfalen" Bd. I S. 375. Verlag G. D. Baedecker, Essen, 1914.

Ausnahmen finden sich in einigen ländlichen Bezirken, wo einzelne Werke durch besondere Maßnahmen einen Stamm hochwertiger Facharbeiter sich herangezogen haben.

Mehr als in anderen Industriezweigen sind für die Entwicklung der Maschinenindustrie weiter die persönlichen Eigenschaften und Neigungen der darin beschäftigten führenden Personen maßgebend und bestimmend. Da sich in der Maschinenindustrie noch fortwährend die kleinen Betriebe zu mittleren und großen Betrieben entwickeln, so liegt für den privaten Unternehmungsgeist ein besonderer Anreiz vor, sich diesem Zweige industrieller Tätigkeit zuzuwenden, denn hier winkt ihm die Aussicht auf Selbständigkeit und Erfolg auch bei bescheidenen Mitteln.

Die Vielgestaltigkeit der Erzeugnisse läßt einheitliche, allgemeingültige Regeln für die Entwicklung der Maschinenfabriken nicht aufkommen. Sehr beachtenswerte Untersuchungen über die Bedeutung des Standortes in der Maschinenindustrie hat neuerdings mit Hülfe der Gesellschaft für wirtschaftliche Ausbildung Herr Dipl.-Ing. K. P. Berthold in Bremen vorgenommen, die demnächst wohl veröffentlicht werden.

Der Werdegang einer Maschinenfabrik stellt sich, abgesehen von einzelnen mit großen Kapitalien vollständig neu geschaffenen Betriebstätten, durchweg derart dar, daß ein kleiner, häufig zunächst nur mit Ausbesserungsarbeiten beschäftigter Betrieb die Fabrikation einer ihm infolge des umliegenden Absatzgebietes naheliegenden und ihm aus seinen Ausbesserungsarbeiten vertrauten Maschinengattung aufnimmt und damit zur Maschinenfabrik wird. Mit steigender Vergrößerung des Betriebes reicht das umliegende Absatzgebiet bald nicht mehr aus, der Betrieb wird gezwungen, mit seinen Erzeugnissen entferntere Gegenden aufzusuchen, und tritt dabei in Wettbewerb mit anderen Maschinenfabriken; er muß, um in diesem Wettbewerbe zu bestehen, die Güte seiner Erzeugnisse heben, eine notwendige Voraussetzung hierfür ist aber die Hebung seiner Facharbeiterschaft. Der Wettbewerb folgt seinen Bestrebungen und, um Ersparnisse zu schaffen und im Preise nachlassen zu können, ergibt sich die Notwendigkeit, den Betrieb zu verbessern. Das hat den inneren Ausbau des Werkes zur Folge und zwar sowohl nach der Seite der maschinellen Einrichtung, als auch nach der Seite der Organisation; außerdem müssen die Einrichtungen zur Verbesserung der Facharbeiterschaft und für die Ausbildung des Nachwuchses, der Lehrlinge, immer weiter ausgebaut werden. Die Entwicklung kann sich nach zwei Hauptrichtungen vollziehen, einmal in der Richtung der Massenherstellung von Erzeugnissen für den allgemeinen Bedarf, sodann in der Richtung der Herstellung von Erzeugnissen besonderer Güte unter Anpassung an die Bedürfnisse des Einzelfalles. Für beide Entwicklungsarten finden sich im deutschen Maschinenbau zahlreiche kennzeichnende Beispiele.

Je mehr der Betrieb sich entwickelt, um so mehr fühlt er auch die Einwirkung der Konjunkturschwankungen, und er wird suchen, diesen zu begegnen. Das kann in doppelter Weise geschehen, zunächst durch Absatz eines Teiles der Erzeugnisse im Auslande, was meist eine weitere Steigerung der Güte der Erzeugnisse zur Folge hat, weil der vermehrte Wettbewerb auf dem Weltmarkte zu bestehen ist, sodann durch Aufnahme der Herstellung weiterer anders gearteter Erzeugnisse; letzteres kann aber wirtschaftlich meist nur durchgeführt werden unter gleichzeitiger möglichster Durchbildung der einzelnen Sonderzweige des Arbeitsgebietes zur Massenherstellung von Sondererzeugnissen. Das ist wiederum wirtschaftlich nur möglich bei guter und unterteilter Organisation des Betriebes, da sonst der wirtschaftliche Erfolg des einzelnen Sonderzweiges nicht erkennbar ist und in einzelnen Fabrikationsgebieten leicht Verluste entstehen, die zur Schmälerung des Verdienstes aus den anderen Gebieten, wenn nicht gar zum finanziellen Rückgang des Unternehmens führen.

So vollzieht sich mit der Entwicklung einer Maschinenfabrik im allgemeinen selbsttätig zugleich eine Steigerung in ihren Leistungen, so daß die Maschinenindustrie in ihrer Gesamtheit mit Recht für sich in Anspruch nehmen kann, daß sie zu den besonders hochwertigen Bestandteilen der deutschen Volkswirtschaft zählt.

Ist die allgemeine Bedeutung der Maschinenindustrie für die deutsche Volkswirtschaft schon dadurch bewiesen, daß sie, wie die Karten zeigen, sich über das ganze Land erstreckt und überall Arbeitsgelegenheit schafft, so würde ihre Bedeutung innerhalb des Rahmens der gesamten deutschen Volkswirtschaft noch besonders nachzuweisen sein durch Angaben über Menge und Wert der Produktion. Wie schon eingangs erwähnt, fehlen aber leider zuverlässige Angaben über die Gesamterzeugung der deutschen Maschinenindustrie; es ist nur möglich, durch Schätzungen, die sich stützen auf eine private Produktionsstatistik des Vereines deutscher Maschinenbau Anstalten, diesen Punkt einigermaßen zu erklären. Die Ergebnisse dieser privaten Statistik sind alsdann nach Maßgabe der Arbeiterzahlen auf die gesamte Maschinenindustrie übertragen. Schätzungen, die in dieser Weise für das Jahr 1907 vorgenommen wurden, ergaben für die reine Maschinenindustrie eine Summe von 2,26 Millionen t fertiger Erzeugnisse im Werte von rd. 2 Milliarden ℳ; für das Jahr 1912 ist der Betrag auf 2,5 Milliarden ℳ geschätzt worden. Diese Summen sind von anderer sachverständiger Seite als noch erheblich zu niedrig bezeichnet worden.

Die großbritannische Maschinenindustrie weist nach den amtlichen Erhebungen im Jahre 1907 eine Erzeugung im Werte von 2,1 Milliarden ℳ auf;

Additional material from *Die Stellung der deutschen Maschinenindustrie im deutschen Wirtschaftsleben und auf dem Weltmarkte,* ISBN 978-3-662-32280-2 (978-3-662-32280-2_OSFO1), is available at http://extras.springer.com

über die Maschinenindustrieen anderer Länder, insbesondere über diejenige der Vereinigten Staaten stehen Vergleichziffern leider nicht zur Verfügung.

An Hand der amtlichen deutschen Produktionsstatistiken des Jahres 1907 ergibt sich für die Gesamterzeugung des Bergbaues ein Wert von 1,85 Milliarden ℳ, für die Eisenindustrie von 1,84 Milliarden ℳ, neben denen die Maschinenindustrie also sehr gut bestehen kann.

Die Ziffern der Gesamterzeugung für diese beiden Industriezweige können stets ohne weiteres in Vergleich gesetzt werden mit denen der ganzen Reihe früherer Jahrgänge, da sie amtlich fortlaufend ermittelt werden; auch die entsprechenden Ziffern für die meisten anderen Länder werden fortlaufend amtlich ermittelt. Infolge dieser Tatsache wird bei einer Betrachtung des wirtschaftlichen Aufschwunges der letzten Zeit durchweg die gewaltige Steigerung in den Erzeugungsziffern dieser beiden Industriezweige in den Vordergrund der Betrachtung geschoben und so kommt es, daß von der Allgemeinheit diesen beiden Industriezweigen meist das größte Verdienst an dem wirtschaftlichen Aufschwunge Deutschlands zugeschrieben wird.

Die gewaltige Steigerung in der Jahreserzeugung unserer deutschen Eisen- und Stahlindustrie, die uns zB. die englische Erzeugung schon längst überholen ließ, wäre aber undenkbar gewesen ohne die Mitwirkung der deutschen Maschinenindustrie. Man kann sogar im Zweifel sein, ob das größere Verdienst bei diesem Aufschwung auf seiten der eigentlichen Eisenhüttentechnik oder des Maschinenbaues zu suchen ist, der die mechanischen Hülfsmittel gefertigt und zum großen Teil selbst erdacht hat, welche den beispiellosen Aufschwung der deutschen Eisenindustrie erst ermöglicht haben.

Derselbe Gesichtspunkt kommt auch für das Verhältnis aller unserer großen Industriezweige zur Maschinenindustrie in Betracht. Sie alle bauen ihre Erfolge mehr oder weniger auf denen des Maschinenbaues auf, der ihnen die Hülfseinrichtungen zur Herstellung ihrer Erzeugnisse liefert. Viele Industrieerzeugnisse, deren täglicher Gebrauch oder deren Verwendung heute als etwas Selbstverständliches gilt, konnten erst dank der vollendeten maschinellen Einrichtungen hergestellt werden, und kaum einen Industriezweig wird es geben, der nicht seine wirtschaftliche Bedeutung, d. h. die Möglichkeit, gute Ware zu angemessenem Preise herzustellen und damit seine Erzeugnisse mit Vorteil zu verwerten, mindestens zu einem wesentlichen Teile den Hülfsmitteln dankt, die ihm die Intelligenz der Maschinenbauer geschaffen hat.

Die bisherigen Ausführungen suchten die Bedeutung der Maschinenindustrie zu erläutern aufgrund ihrer allgemeinen Verbreitung über das ganze Land und der Zahl der in ihr beschäftigten Arbeiter sowie des Umfanges und Wertes der von ihr hergestellten Erzeugnisse. Als ein weiterer sehr wesentlicher Punkt für die Beurteilung der wirtschaftlichen Bedeutung einer Industrie kommt hierzu noch ihre Ausfuhr, d. h. die Menge ihrer Erzeugnisse, die im Inland hergestellt, aber nach dem Auslande ausgeführt wird. Bei der Bewertung dieser Ziffer ist aber wesentlich die Menge der gleichzeitig aus dem Auslande eingeführten Erzeugnisse des gleichen Industriezweiges.

Die Bedeutung der Maschinen-Aus- und -Einfuhr soll jedoch erst in einem späteren Abschnitt, bei der Betrachtung des deutschen Maschinenbaues auf dem Weltmarkte, eingehend behandelt werden.

Es bleibt nun noch übrig, einiges über die wirtschaftlichen Verhältnisse der deutschen Maschinenindustrie anzuführen. Der Maschinenbau in Deutschland befindet sich in einer schwierigen Lage, er leidet unter einem außerordentlich großen Wettbewerbe, der durch das sprunghafte Wechseln des Bedarfes und die dadurch herbeigeführte unstetige Vergrößerung der Maschinenfabriken hervorgerufen wird. Außerdem befindet er sich in Abhängigkeit von den Rohstofflieferern, insbesondere der Eisenindustrie, die zugleich sein bedeutendster Abnehmer ist. Der große Einfluß, den technische Intelligenz auf die Erzeugnisse des Maschinenbaues ausübt, hat dazu geführt, daß die Maschinenindustrie die Entwicklung zur Großindustrie erst in verhältnismäßig geringem Umfange durchgemacht hat; in ihr herrscht noch der Mittelbetrieb und vor allem die private Unternehmungsform vor. Zu einer Maschinenfabrik gehören nicht solche Kapitalien, wie sie für ein Unternehmen des Bergbaues oder der Eisenindustrie erforderlich sind. Der daher vorhandene große Wettbewerb in den eigenen Reihen gestattet der Maschinenindustrie nicht in gleichem Maße, günstige Wirtschaftslagen auszunutzen, wie dies andere in sich geschlossene Industriezweige können und mit Erfolg tun. Die Maschinenfabriken kommen im allgemeinen erst später zu wirtschaftlichen Ergebnissen, welche der günstigen Wirtschaftslage entsprechen; beim Eintreten schlechterer Zeiten dagegen pflegen die Preise im Maschinenbau sofort mitzusinken, während sie in günstigerer Zeit sich nur langsam erholen. Das hat zur Folge, daß die Erträgnisse der Maschinenfabriken im allgemeinen nicht übermäßig hoch sind.

Das Ergebnis von Untersuchungen, die seit einer Reihe von Jahren Dipl.-Ing. E. Werner im Auftrage des Vereines deutscher Maschinenbau-Anstalten über die Wirtschaftlichkeit der deutschen Maschinenbau-Aktiengesellschaften alljährlich anstellt, zeigen Zahlentafel 5 und Abbildung 3. Die Kurven der Abbildung 3 geben die Bewegung der Rentabilitätziffern der deutschen Maschinenbau-Aktiengesellschaften wieder und zwar die Mittelwerte von rd. 250 Gesellschaften mit einem Gesamtkapital von über 650 Millionen ℳ. Die Dividenden (D) sind verglichen einmal mit dem nominellen Aktienkapital (N), ferner mit dem tatsächlich eingebrachten Kapital (T), also unter Berücksichtigung von Zusammenlegungen,

Zahlentafel 5.

Wirtschaftlichkeit der deutschen Maschinenbau-Aktiengesellschaften
(nach Werner).

Rentabilitätziffern			1907	1908	1909	1910	1911	1912
	vom Standpunkte des Aktionärs							
Dividendensumme verglichen mit dem	gesamten nominellen Kapital	$\frac{D}{N} \cdot 100$	8,7	7,8	7,5	8,1	8,2	9,3
	tatsächlich eingebrachten Kapital	$\frac{D}{T} \cdot 100$	6,9	6,7	5,9	6,4	6,5	7,2
	Kurskapital	$\frac{D_K}{K} \cdot 100$	6,9	6,2	5,9	5,6	5,3	4,9
	vom Standpunkte des Unternehmens							
und zwar	Jahresreinerträgnis verglichen mit dem Unternehmungskapital	$\frac{J}{U} \cdot 100$	7,7	6,9	6,0	7,7	8,6	9,2
	Jahresreinerträgnis + Zinsen der festen Verschuldungen verglichen mit dem werbenden Kapital	$\frac{E}{W} \cdot 100$	nicht berechnet	6,5	5,9	7,2	8,0	8,4

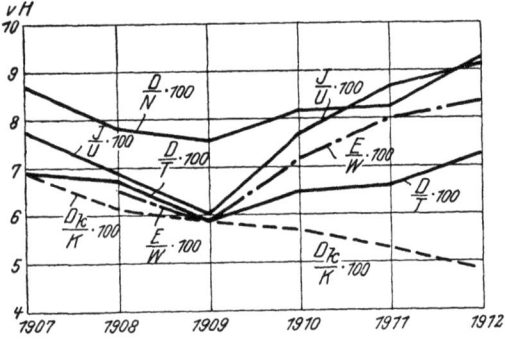

Abbildung 3.
Bewegung der Rentabilitätziffern der deutschen Maschinenbau-Aktiengesellschaften (nach Werner).
(Vergl. Zahlentafel 5.)

Sanierungen usw. Der gleichmäßig parallele Verlauf der beiden Kurven $\frac{D}{N} \cdot 100$ und $\frac{D}{T} \cdot 100$ zeigt, daß bei der Beurteilung der Erträgnisse des Maschinenbaues durchschnittlich damit gerechnet werden muß, daß im Laufe der Entwicklung ein bestimmter Anteil des Grundkapitals zum Ausgleich von Verlusten in schlechten Zeiten aufgezehrt worden ist; dieser Umstand wird bei der Bewertung der heutigen Dividendensätze meist außer acht gelassen. In zweiter Linie sind dann verglichen das Jahresreinerträgnis (J) mit dem Unternehmungskapital (U) und weiter die Summe aus dem Jahresreinerträgnis und den Zinsen der festen Verschuldungen (J + Z = E) mit dem als Summe aus dem Unternehmungskapital und den festen Verschuldungen gebildeten werbenden Kapital (U + R = W). Es mag darauf hingewiesen werden, daß der größere Steigungswinkel der Kurve $\frac{J}{U} \cdot 100$ gegenüber der Kurve $\frac{E}{W} \cdot 100$ und ihr günstigerer Verlauf in den letzten Jahren darauf schließen läßt, daß die Maschinenbau-Aktiengesellschaften in den letzten Jahren ihren stillen Reserven nicht unerhebliche Beträge zugeführt haben, um gegen den bevorstehenden Niedergang der wirtschaftlichen Lage gerüstet zu sein, und daß die Vermehrung der festen Verschuldungen mit der Steigerung des nominellen Aktienkapitals nicht gleichen Schritt gehalten hat. Schließlich ist noch die Dividendensumme derjenigen Gesellschaften, die Kursnotiz aufweisen [D_K] in Vergleich gesetzt mit dem Kurskapital, d. h. der Summe der Kurskapitalien am Ende des vorangegangenen Bilanzjahres. Die gleichmäßige Abwärtsbewegung dieser Kurve $\frac{D_K}{K} \cdot 100$ zeigt, wie die Börse die Wirtschaftlichkeit der Maschinenbau-Aktiengesellschaften in den letzten Jahren im allgemeinen reichlich hoch eingeschätzt hat.

Die Kurven

$$\frac{D}{N} \cdot 100, \frac{D}{T} \cdot 100, \frac{J}{U} \cdot 100 \text{ und } \frac{E}{W} \cdot 100$$

lassen zwar im allgemeinen eine Besserung innerhalb der letzten Jahre erkennen, aber die absoluten Werte bewegen sich doch in Grenzen, die in keinem günstigen Verhältnis stehen zu dem Risiko, welches der Anlage eines Kapitals in einem industriellen Unternehmen innewohnt; vor allem trifft das zu, wenn man diese Rentabilitätziffern vergleicht mit denen anderer Industriezweige, die im allgemeinen günstigere Ergebnisse aufweisen.

Die Gründe hierfür sind mancherlei. Neben dem bereits erwähnten außerordentlichen Wettbewerb innerhalb des eigenen Industriezweiges, der dazu führt, daß weitgehenden Forderungen der Kundschaft zu sehr nachgegeben wird, sprechen Fragen der inneren Organisation, insbesondere der Kalkulation und Selbstkostenberechnung mit, mit denen es namentlich bei kleineren Fabriken nicht immer zum besten bestellt ist und die zu Uebernahme von Geschäften unter Verlust führt. Hier würden Vereinigungen vorteilhaft wirken können; aber die vermehrte Zahl der Einflüsse, welche mit steigender Verfeinerung der Erzeugnisse maßgeblich werden, vor allem der Einfluß der technischen Konstruktion, der die gleichmäßige Behandlung und Bewertung der einzelnen Erzeugnisse verhindert, wirken erschwerend und hemmend. Trotzdem sind durch Vereinigungsbestrebungen mancherlei Vorteile und Fortschritte bereits erreicht worden, aber die Maschinenindustrie steht in dieser Beziehung erst am Anfange einer Entwicklung, in welcher noch viel Arbeit zu leisten sein wird, bis durchschlagende Erfolge erzielt werden können. Vor allem werden die Vereinigungen auf größere Einheitlichkeit in den Grundlagen der Kalkulation und Selbstkostenberechnung sowie in den Vertragabmachungen mit der Kundschaft hinwirken müssen. Die Verkauf- und Lieferbedingungen weisen insbesondere in den Zahlungsbedingungen, in den Gewährverpflichtungen und den Verzugentschädigungen im Maschinenbau noch außerordentliche in nichts begründete Unterschiede auf, die sich zum Teil als außerordentlich schädigend und von weittragenden Folgen für die Wirtschaftlichkeit der Geschäftsabschlüsse erweisen. Der Verein deutscher Maschinenbau-Anstalten betrachtet es als eine seiner wesentlichsten Aufgaben, hier grundlegende Arbeit zu leisten. Daneben führen die Unterschiede in den Grundlagen der Kalkulation und Selbstkostenberechnung, insbesondere in bezug auf die Verteilung der allgemeinen Unkosten zu Unterschieden in den Angebotpreisen, die selbsttätig auf eine allgemeine Verschlechterung der Preise hinwirken, anstatt dem Preisstand entsprechend den ständig gesteigerten Unkosten zu heben.

Welche Pflichten erwachsen nun der deutschen Maschinenindustrie, damit sie ihre bedeutsame Stellung innerhalb des deutschen Wirtschaftslebens erhält und erweitert? Es hat sich gezeigt, daß die Stärke des deutschen Maschinenbaues in der Güte seiner Erzeugnisse liegt. Um diese auf der Höhe zu erhalten, bedarf es stetiger Verbesserungen seiner Betriebseinrichtungen, seiner Organisation, die zugleich für das wirtschaftliche Ergebnis ausschlaggebend ist, und seiner Arbeiterschaft. Seine Betriebseinrichtungen und deren Verbesserungen schafft sich der Maschinenbau selbst in seinen eigenen Sonderzweigen, insbesondere in der Werkzeugmaschinenindustrie. In den Fragen der Organisation muß jedes einzelne Werk in seinem inneren Ausbau dem Grundsatze folgen, daß es mit dem geringsten Aufwande den höchstmöglichen Nutzen erreicht; aber auch die Gesamtheit der Maschinenfabriken wird durch planmäßige Förderung der Vereinigungsbestrebungen unter zeitweiliger Zurückstellung von selbstsüchtigen Erwägungen an einem Zusammenschluß sowohl einzelner Zweige als auch des gesamten Maschinenbaues mitarbeiten müssen, damit durch den Zusammenschluß die schädlichen Folgen des übertriebenen Wettbewerbes beseitigt werden, die dem deutschen Maschinenbau den ihm gebührenden Erfolg seiner **Arbeit vorenthalten**. In seiner Arbeiterschaft muß der Maschinenbau auf eine fortwährende Vervollkommnung der Facharbeiter und auf eine planmäßige Erziehung ihres Nachwuchses hinwirken. Auf die Bedeutung dieses Punktes gerade für die Maschinenindustrie ist bereits kurz hingewiesen worden; der Maschinenbau befindet sich dabei in der besonders schwierigen Lage, daß zahlreiche seiner Abnehmer ihm dauernd tüchtige Facharbeiter entziehen, die sie für die Ueberwachung und Unterhaltung ihrer von dem Maschinenbau gelieferten Anlagen benötigen, die sie sich aber selbst nicht heranziehen können. Auch verwandte Zweige, vor allem die elektrotechnische Industrie, erziehen ihren Nachwuchs an gelernten Arbeitern nicht oder nicht in genügendem Maße selbst, sondern entziehen ihn durch das Angebot höherer Löhne der Maschinenindustrie, wodurch zugleich die durchschnittliche Lohnhöhe in der Maschinenindustrie gesteigert wird. Daher ist der Prozentsatz von Lehrlingen, der im Maschinenbau herangebildet werden muß, damit kein Mangel an tüchtigen Facharbeitern eintritt, ganz besonders groß. Im Auslande, insbesondere in den Vereinigten Staaten und neuerdings anscheinend auch in Großbritannien, ist der große Wert, den die Erziehung von Facharbeitern für die Maschinenindustrie besitzt, bereits erkannt worden und man macht dort große Anstrengungen, um den Bedürfnissen der Industrie zu genügen. Auch im deutschen Maschinenbau ist dieser Frage von jeher und neuerdings in verstärktem Maße besondere Aufmerksamkeit zugewandt worden, so daß zu erwarten steht, daß hierin nichts versäumt wird.

Endlich ist noch von besonderer Wichtigkeit für die Entwicklung des deutschen Maschinenbaues die Pflege der maschinentechnischen Wissenschaft durch die deutschen Technischen Schulen. Der deutsche Maschinenbau und mit ihm die gesamte deutsche Technik sind gegründet auf dem wissenschaftlichen Hochstande der deutschen Technischen Hochschulen; hier unablässig mit der Entwicklung der Praxis Schritt zu halten, ist eine der vornehmsten Aufgaben für die deutschen Bundesregierungen, soweit sie Technische Hochschulen unterhalten; dieser Aufgabe sind sie bisher auch jederzeit in vollem Umfange gerecht geworden.

In allen Fragen des Technischen Schulwesens, sowohl des Hochschulwesens, wie auch der Lehrlingsausbildung, denen als drittes Glied noch die Ausbildungsmöglichkeiten für die mittleren technischen Kräfte, die Technischen Mittelschulen, anzugliedern sein würden, hat neuerdings der unter Führung des Vereins deutscher Ingenieure von den wissenschaftlichen und wirtschaftlichen technischen Vereinigungen Deutschlands ins Leben gerufene Deutsche Ausschuß für Technisches Schulwesen wertvolle Dienste geleistet. Ein besonderes Augenmerk wird auch auf die Ausbildung der kaufmännischen Hülfskräfte, wie sie neuerdings von den Handelshochschulen in die Wege geleitet ist, zu legen sein.

Endlich sei noch kurz, weil von besonderem **Tagesinteresse**, auf die Bedeutung des deutschen

Patentrechtes für die Entwicklung des deutschen Maschinenbaues hingewiesen. Nach vorsichtiger Schätzung erhalten etwa 20 bis 25 vH. sämtlicher erteilter deutscher Patente ihre praktische Verwertung durch die mechanische Industrie, insbesondere durch den Maschinenbau, die Elektrotechnik und die Feinmechanik, und an einer großen Zahl weiterer Patente, die in anderen Industriezweigen verwertet werden, ist die mechanische Industrie mittelbar oder unmittelbar beteiligt, so daß mit Fug behauptet werden kann, daß wohl kein Industriezweig so sehr am deutschen Patentwesen interessiert ist und durch seine Handhabung betroffen wird, wie die mechanische Industrie. Das deutsche Patentwesen und Patentrecht hat sich als hervorragender Förderer des industriellen Aufschwunges in Deutschland erwiesen, und daher hat die deutsche Maschinenindustrie an der bevorstehenden Aenderung des deutschen Patentgesetzes auch ein ganz besonderes Interesse.

Ein kurzer Rückblick auf die bisherigen Darlegungen zeigt, daß der deutsche Maschinenbau sich im deutschen Wirtschaftsleben ebenbürtig an die Seite der anderen großen Industriezweige und Industriegruppen stellen kann, daß er wegen seiner hochwertigen Arbeiterschaft, seines großen Beamtenstabes und seiner hochwertigen Erzeugnisse in besonderem Maße ein Förderer des steigenden Volkswohlstandes geworden ist. Die Darlegungen zeigen weiter, daß leider die Wirtschaftlichkeit des Maschinenbaues nicht dieser bedeutsamen Stellung im Wirtschaftsleben der Nation entspricht, und daß daher die Wünsche und Bedürfnisse der Maschinenindustrie zurzeit besondere Beachtung und Berücksichtigung seitens der maßgebenden Kreise verdienen, damit nicht schließlich durch einen Rückgang des deutschen Maschinenbaues der Fortschritt der gesamten deutschen Technik und Industrie in Frage gestellt wird. Sie zeigen endlich aber auch, daß der deutsche Maschinenbau in allen Punkten, die zur Erhaltung und Kräftigung der Stellung der Maschinenindustrie innerhalb der gesamten deutschen Volkswirtschaft beitragen, unablässig bemüht ist, fortzuschreiten und für eine weitere Zukunft Vorsorge zu treffen. Es ist zu hoffen, daß seine Bestrebungen dauernd von Erfolg sind, damit das erfreuliche Bild, das entrollt werden konnte, sich in der nächsten Zukunft jedenfalls nicht verschlechtern, eher günstiger gestalten möge.

II. Der deutsche Maschinenbau auf dem Weltmarkte.

Wie schon in dem ersten Teile der Ausführungen erwähnt wurde, ist ein wesentlicher Gradmesser für die Beurteilung der wirtschaftlichen Bedeutung einer Industrie der Umfang ihrer Ausfuhr.

Tafel 3 und Zahlentafel 6 zeigen, daß die deutsche Maschinenindustrie es verstanden hat, sich ein großes Absatzgebiet auf dem Weltmarkte zu erwerben. Namentlich seit Anfang dieses Jahrhunderts hat sich, wie Zahlentafel 6 zeigt, die deutsche Maschinenausfuhr in immer steigendem Maße entwickelt. Der Selbsterhaltungstrieb hat die Maschinenindustrie dazu geführt; um bei günstiger wirtschaftlicher Lage den sich ständig und häufig sprunghaft steigernden Ansprüchen der heimischen Industrie gerecht werden zu können, ist der Maschinenbau gezwungen, fortwährend Erweiterungen seiner Betriebe vorzunehmen. Hand in Hand damit geht eine beständige Erhöhung der Leistungsfähigkeit der Betriebe durch Verbesserung der Einrichtungen, Maschinen und Organisation. Um die Werkstätten dann auch in Zeiten ruhigeren Geschäftsganges in genügendem Umfange beschäftigen zu können, muß ein Ausgleich durch erhöhten Absatz im ausländischen Wirtschaftsgebiet gefunden werden, denn die deutsche Industrie pflegt nicht in gleichem Umfange, wie die ausländische, insbesondere amerikanische Industrie bei wirtschaftlichem Niedergang Arbeiterentlassungen und Betriebseinstellungen vorzunehmen, sondern sucht trotz verringerten Verdienstes ihrem Stamm erprobter Arbeiter und Hülfskräfte Arbeit und Verdienst zu erhalten. In der Erkenntnis der Notwendigkeit eines Ausgleiches für Zeiten wirtschaftlichen Rückganges, der nicht in Zeiten schlechteren Geschäftsganges schnell geschaffen werden kann, sondern in langsamer planmäßiger Arbeit aufgebaut werden muß, wenn er Wert und Bestand haben soll, hat der deutsche Maschinenbau sich mit aller Kraft um den Weltmarkt in Maschinen beworben und in seinem Bemühen auch Erfolg gehabt.

Die Ziffern der amtlichen Ein- und Ausfuhrstatistik des Deutschen Reiches geben ein klares Bild von der Bedeutung unserer Maschinenausfuhr.

Mit Rücksicht auf die bereits mitgeteilten Ergebnisse der amtlichen Zählungen und die erwähnte Schätzung der Gesamterzeugung in Maschinen, die alle auf das Jahr 1907 bezogen sind, sind die Angaben der Tafel 3 über die Ein- und Ausfuhr der wichtigsten Industriegruppen Deutschlands zunächst der Statistik dieses Jahrganges entnommen und die Ergebnisse der folgenden Jahre bis zum letzten in der Statistik vollständig abgeschlossenen Jahrgang 1912 jeweils zum Vergleich daneben gesetzt. Den einzelnen Industriegruppen ist das Gesamtergebnis der deutschen Ein- und Ausfuhr vorangestellt; der Betrag des Ein- und Ausfuhrwertes jeder Gruppe ist zu diesem Gesamtein- und -ausfuhrwert in Beziehung gesetzt und in vH. desselben verzeichnet. Die Entwicklung des Außenhandels der in der Tafel aufgeführten Industriegruppen ist ferner in einer Reihe von Abbildungen auf Tafel 4 zur Darstellung gebracht.

Fig. 1 auf Tafel 4 gibt die Bewegung des gesamten deutschen Außenhandels wieder, läßt das gleichmäßige, nur im Jahre 1908 unterbrochene Anziehen sowohl der Einfuhr wie auch der Ausfuhr erkennen und zeigt, daß der Einfuhrüberschuß sich im wesentlichen auf der gleichen Höhe hält.

In Fig. 2 sind die Ergebnisse der gesamten Ein- und Ausfuhr zerlegt nach den wichtigsten Industriezweigen: Bergbau, Eisenindustrie, mechanische Industrie, chemische Industrie und Textilindustrie. Hierbei ist eine doppelte Darstellungsweise gewählt; zunächst sind die Ein- und Ausfuhrziffern der verschiedenen Industriezweige einzeln für sich von einer gemeinsamen Grundlinie aus aufgetragen, um ihre Entwicklung zu verfolgen, sodann sind die Werte der Industriezweige addierend aufgetragen, so daß ihre Summe in die Erscheinung tritt. In der zweiten Darstellung ist zum Vergleich die Bewegung des gesamten Außenhandels mit eingetragen und von dem verbleibenden Rest ist die Ein- und Ausfuhr an Gütern der Land-, Forstwirtschaft und Viehzucht in Abzug gebracht. Dabei zeigt sich die beachtenswerte Tatsache, daß die Einfuhr der industriellen Güter an dem Anwachsen der Gesamteinfuhr nur unwesentlich beteiligt ist, das starke Ansteigen der Einfuhrziffern ist vielmehr auf die Einfuhr von Gütern der Land-, Forstwirtschaft und Viehzucht zurückzuführen. Anders dagegen in der Ausfuhr; hier ist das starke Ansteigen der Ausfuhrkurve wesentlich mit verursacht durch die industriellen Güter, während die Güter der Land-, Forstwirtschaft und Viehzucht nur unwesentlich dazu

Zahlentafel 6.
Deutschlands Maschinenein- und -ausfuhr
1900 bis 1913.

„Reine Maschinen" ohne Dampfkessel, Kesselschmiedearbeiten und Fahrzeuge; Nr. 892—906 des stat. Warenverzeichnisses (gegenüber Tafel 3 ist die Nummer 807 „fortschaffbare Winden" nicht berücksichtigt).

Jahrgang	Gewichte in 1000 t			Werte in Millionen ℳ		
	Einfuhr *Teil der Gesamteinfuhr*	Ausfuhr *Teil der Gesamtausfuhr*	Ausfuhr-Ueberschuß	Einfuhr *Teil der Gesamteinfuhr*	Ausfuhr *Teil der Gesamtausfuhr*	Ausfuhr-Ueberschuß
1900 . . .	93 / 0,20 vH.	213 / 0,65 vH.	120	87 / 1,44 vH.	183 / 3,84 vH.	96
1901 . . .	65 / 0,15 vH.	192 / 0,59 vH.	127	55 / 0,95 vH.	157 / 3,49 vH.	102
1902 . . .	48 / 0,11 vH.	193 / 0,55 vH.	145	38 / 0,66 vH.	148 / 3,08 vH.	110
1903 . . .	57 / 0,12 vH.	215 / 0,56 vH.	158	45 / 0,71 vH.	179 / 3,49 vH.	134
1904 . . .	72 / 0,15 vH.	237 / 0,61 vH.	165	53 / 0,77 vH.	189 / 3,55 vH.	136
1905 . . .	72 / 0,13 vH.	270 / 0,66 vH.	198	56 / 0,75 vH.	221 / 3,79 vH.	165
1906 . . .	80 / 0,14 vH.	290 / 0,66 vH.	210	70 / 0,86 vH.	304 / 4,73 vH.	234
1907 . . .	89 / 0,13 vH.	331 / 0,73 vH.	243	83 / 0,92 vH.	387 / 5,45 vH.	304
1908 . . .	76 / 0,12 vH.	358 / 0,78 vH.	282	70 / 0,86 vH.	416 / 6,42 vH.	346
1909 . . .	68 / 0,11 vH.	331 / 0,68 vH.	263	63 / 0,72 vH.	384 / 5,60 vH.	321
1910 . . .	69 / 0,11 vH.	401 / 0,74 vH.	332	64 / 0,69 vH.	460 / 6,01 vH.	396
1911 . . .	76 / 0,11 vH.	476 / 0,80 vH.	400	71 / 0,71 vH.	544 / 6,62 vH.	473
1912 . . .	78 / 0,11 vH.	539 / 0,82 vH.	461	77 / 0,70 vH.	630 / 6,92 vH.	553
1913[1] . .	88 / 0,12 vH.	594 / 0,80 vH.	506	81 / 0,73 vH.	678 / 6,66 vH.	597

[1] Vorläufige Ziffern; die endgültigen Ziffern sind für das Jahr 1913 noch nicht festgestellt.

beigetragen haben. Was als „sonstige Ein- und Ausfuhr" verbleibt, setzt sich zusammen aus nicht besonders aufgeführten Industriegruppen, zB. Papier-, Leder-, Glas-, Tonwarenindustrie u. dergl., ferner aus der Nahrungsmittelindustrie.

Betrachtet man im einzelnen die Kurven der fünf Hauptindustriezweige, so findet sich bei allen ein ungefähr gleichgerichteter Verlauf; überall ist um das Jahr 1908 ein Tiefstand zu verzeichnen, nach dessen Ueberwindung die Kurven im allgemeinen stetig ansteigen und zwar in der Ausfuhr stärker als in der Einfuhr; dies tritt besonders deutlich hervor in der Einzeldarstellung der Fig. 5, in welcher neben der Ein- und Ausfuhr der Ueberschuß verzeichnet ist; danach weist nur der Bergbau einen Einfuhrüberschuß auf, der sich aus dem Bezuge großer Mengen fremder Erze für die Hüttenindustrie unschwer erklärt. Die anderen Industriezweige verzeichnen sämtlich bedeutende und zum Teil stark steigende Ausfuhrüberschüsse. Weitaus am steilsten ist der Verlauf der Ausfuhrkurve bei der mechanischen Industrie, die seit dem Jahre 1909 in nahezu grader Linie verläuft. Daß diese auffallend rasche Steigerung der Ausfuhr der mechanischen Industrie hauptsächlich auf die Maschinenindustrie zurückzuführen ist, zeigt deutlich Fig. 3, welche die Unterteilung der mechanischen Industrie in Kleineisenindustrie, Maschinenindustrie, Schiffbau und Elektrotechnik in der Entwicklung ihrer Ein- und Ausfuhr darstellt, und zwar wieder in der doppelten Darstellungsweise wie in Fig. 3. Dabei ist die „Maschinenindustrie", wie aus Tafel 3 ersichtlich ist, in weiterem Sinne aufzufassen, sie schließt alle diejenigen Erzeugnisse ein, die gemeinhin als Erzeugnisse des Maschinenbaues angesehen werden. Eine weitergehende Unterteilung, in welcher die „reinen Maschinen" gesondert aufgeführt sind neben den Maschinenteilen, Fahrzeugen, Dampfkesseln samt Eisenkonstruktionen und den Erzeugnissen der Feinmechanik, ist innerhalb der Tafel 3 ebenfalls noch durchgeführt und in Fig. 4 dargestellt. Deutlich tritt hier der ausschlaggebende Einfluß der reinen Maschinenindustrie auf die Gestaltung der Ausfuhrkurve für die Maschinenindustrie im weiteren Sinne hervor. Auch in Fig. 4 ist die doppelte Darstellungsweise gewählt; während die Einzeldarstellung die Entwicklung der einzelnen Industriegruppe oder -art genau verfolgen läßt, läßt die Sammeldarstellung das Verhältnis der Untergruppen zur Gesamtsumme deutlicher in die Erscheinung treten.

Wie in Fig. 5 die verschiedenen Industriezweige der Fig. 2 für sich zur Darstellung gebracht sind, so sind in Fig. 6 die Gruppen der mechanischen Industrie und in Fig. 7 die Arten der Maschinenindustrie einzeln behandelt und für jede das Verhältnis ihrer Ein- und Ausfuhrziffern über den betrachteten Zeitraum verfolgt. In Fig. 5 zeigt sich ein bemerkenswerter Gegensatz der mechanischen Industrie gegenüber den übrigen Industriezweigen, bei denen entweder der Ausfuhr große Einfuhrmengen gegenüberstehen oder aber beträchtliche Mengen ausländischer Rohstoffe gebraucht werden, die in den Ziffern der Tafel 3 teilweise, zB. bei der Eisenindustrie und chemischen Industrie, noch nicht einmal zum Ausdruck kommen. Der Maschinenbau insbesondere verarbeitet als Rohstoffe fast ausschließlich Erzeugnisse der heimischen Eisen- und Stahlindustrie. Als Gegenstück sei nur auf die Textilindustrie hingewiesen, die fast ausschließlich auf eingeführte fremde Rohstoffe angewiesen ist. Die Maschinenausfuhr von über 500 Millionen ℳ im Jahre 1907 bedeutete bereits mehr als ein Viertel der gesamten Jahreserzeugung des deutschen Maschinenbaues, heute ist der Anteil der Ausfuhr an der Gesamterzeugung noch größer geworden. Ihr steht nur eine verhältnismäßig geringe Einfuhr — nicht einmal der vierte Teil — gegenüber. Die Maschinenindustrie hat mit diesem bedeutenden Ausfuhrüberschuß einen wesentlichen Anteil an der günstigen Gestaltung der deutschen Handelsbilanz.

Von den Gruppen der mechanischen Industrie weist nur der Schiffbau in einigen Jahren einen, noch dazu recht geringen Einfuhrüberschuß auf, der auf die zollfreie Einfuhr der Erzeugnisse des Schiffbaues zurückzuführen ist, wodurch namentlich der Wettbewerb der holländischen Werften am Niederrhein stark begünstigt ist.

Besonders beachtenswert ist der hohe Einheitswert, den die Ausfuhrerzeugnisse der Maschinenindustrie gegenüber denjenigen der anderen Industriezweige aufweisen; er wird, abgesehen von der Textilindustrie, nur übertroffen von dem Einheitswerte der Erzeugnisse der Untergruppen Fahrzeuge, Feinmechanik und Elektrotechnik, durch deren Einbeziehung auch die Einheitswerte für die gesamte mechanische Industrie teilweise etwas hoch ausfallen.

In der Textilindustrie sind die durchschnittlichen Einheitswerte noch fast doppelt so hoch als bei der elektrotechnischen Industrie. Bei der Feinmechanik rühren die besonders in der Einfuhr außerordentlich hohen Einheitswerte

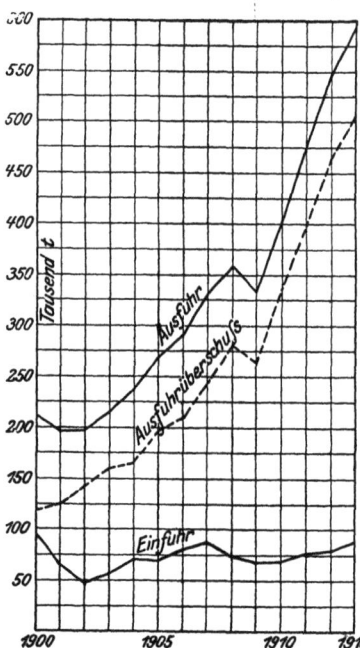

Abbildung 4.
Entwicklung der Maschinenein- und -ausfuhr (reine Maschinen) Deutschlands, 1900 bis 1913.
(Nach dem Gewichte, s. Zahlentafel 6.)

Additional material from *Die Stellung der deutschen Maschinenindustrie im deutschen Wirtschaftsleben und auf dem Weltmarkte,*
ISBN 978-3-662-32280-2 (978-3-662-32280-2_OSFO2),
is available at http://extras.springer.com

von dem Anteil der zu dieser Gruppe gehörenden Uhrenindustrie her, die bei Herstellung von Taschenuhren Gold und Silber in bedeutendem Umfange verarbeitet. Die hohen Einheitswerte der Erzeugnisse des Maschinenbaues weisen bei den nicht übermäßig teueren Rohstoffen auf die infolge der starken Verfeinerung in den Verkaufswerten enthaltenen hohen Lohnsummen hin, die bei den ausgeführten Erzeugnissen auf 25 bis 35 vH. des Verkaufwertes anwachsen. Bei den Erzeugnissen der elektrotechnischen Industrie und der Textilindustrie sind die Rohstoffpreise erheblich höher, so daß sich die höheren Einheitswerte in der Hauptsache hieraus erklären.

daß es sich bei der Einfuhr in der Hauptsache um bestimmte Maschinen handelt, die aus irgendwelchen Gründen immer noch vom Ausland bezogen werden. In der Tat sind es hauptsächlich Textilmaschinen und landwirtschaftliche Maschinen, die bei uns eingeführt werden; aber auch die Einfuhr der Werkzeugmaschinen, insbesondere schwerer Maschinen für den Schiffbau, von amerikanischen Sonderbauarten für die Massenerzeugung und von Nähmaschinen nimmt noch immer zu, wogegen die Einfuhr an Sondermaschinen für einzelne Gewerbzweige im allgemeinen ständig zurückgeht, weil der ausländische Wettbewerb sich den besonderen Bedürfnissen des deutschen Abnehmers nicht so anpaßt.

Abbildung 5 bis 7.
Entwicklung der Maschinenein- und -ausfuhr (reine Maschinen) Deutschlands und seiner beiden Hauptwettbewerbländer Großbritannien und Vereinigte Staaten.
(Nach dem Werte, s. Zahlentafel.)

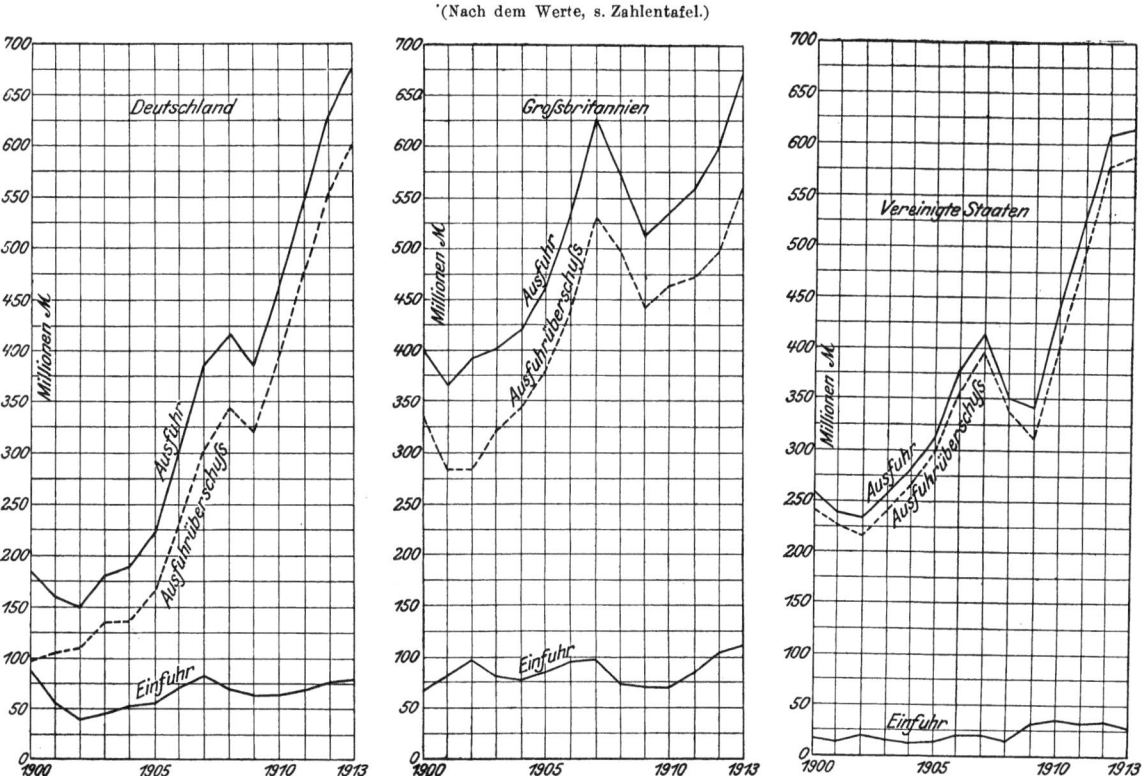

Die Ausfuhr der Maschinenindustrie ist im letzten Jahrzehnt ständig und stetig gestiegen, wie Abbildung 4 zeigt, die den Gewichtsangaben der Zahlentafel 6 entspricht.

Abbildung 4 zeigt neben den Kurven der Maschinenein- und -ausfuhr auch noch die Kurve des Ausfuhrüberschusses. Der Verlauf der Linien zeigt die Entwicklung vom Jahre 1900 bis 1913. Die Ausfuhr ist, abgesehen von einem kurzen Stillstand im Jahre 1906 und einem kleinen Rückschritt im Jahre 1909, stetig, und besonders in den letzten drei Jahren mit erstaunlicher Schnelligkeit gestiegen; die Einfuhr dagegen hat sich in den letzten Jahren durchweg auf der gleichen Höhe gehalten. Dies läßt darauf schließen,

Die Bevorzugung fremder Maschinen beruht zum Teil, besonders in der Textilindustrie, immer noch auf einem Vorurteil gegenüber den einheimischen Erzeugnissen; zum Teil aber handelt es sich um Maschinen, die wir vom Auslande beziehen müssen, weil die heimische Maschinenindustrie aus irgendwelchen Gründen diese Maschinen nicht oder noch nicht herstellt. Eine gewisse Menge Maschinen wird ein industriell so hoch entwickeltes Land, wie es Deutschland ist, stets auch trotz der hohen Leistungsfähigkeit der heimischen Maschinenindustrie aus dem Auslande beziehen; dagegen ist auch vom Standpunkte der allgemeinen Volkswirtschaft nichts einzuwenden, wenn diese Menge sich nur in angemessenen Grenzen hält.

Zahlentafel 7.

Maschinenein- und -ausfuhr der beiden Hauptwettbewerbländer Großbritannien und Vereinigte Staaten 1900 bis 1913

(soweit die statistischen Anschreibungen es gestatten, sind nur „reine Maschinen" angesetzt, um richtige Vergleichziffern zur Zahlentafel 6 zu geben) Werte in Millionen ℳ.

Jahrgang	Großbritannien			Vereinigte Staaten		
	Einfuhr[1]	Ausfuhr[1]	Ausfuhr-Ueberschuß	Einfuhr[2]	Ausfuhr[3]	Ausfuhr-Ueberschuß
1900	66	401	335	16	258	242
1901	81	364	283	13	240	227
1902	97	383	286	18	234	216
1903	80	401	321	16	257	241
1904	77	420	343	12	279	267
1905	83	462	379	13	313	300
1906	93	530	437	19	373	354
1907	96	628	532	19	414	395
1908	73	574	501	14	352	338
1909	71	512	441	30	343	313
1910	70	535	465	34	434	400
1911	86	558	472	31	520	489
1912	104	598	494	32	609	577
1913	110	674	564	26	614	588

[1]) Die Ein- und Ausfuhrziffern Großbritanniens enthalten bis zum Jahre 1907 einschl. auch Dampfkessel, Schreibmaschinen und Teile davon; außerdem in den Jahren 1900 bis 1902 auch noch elektrische Maschinen.

[2]) Die Einfuhrziffern der Vereinigten Staaten enthalten auch elektrische Maschinen, Kessel und Teile davon, Schreibmaschinen, Rechenmaschinen und Registrierkassen.

[3]) Die Ausfuhrziffern der Vereinigten Staaten enthalten bis zum 1. Juli 1910 auch Rechenmaschinen.

Zahlentafel 8.

**Deutschlands Maschinen-Ausfuhr („reine Maschinen")
1900 bis 1913**

im Vergleich mit den zwei Haupt-Wettbewerbländern Großbritannien und Vereinigte Staaten.

Werte in Millionen ℳ.

Abbildung 8.

Vergleich der Maschinenausfuhr (reine Maschinen) von Deutschland, Großbritannien und den Vereinigten Staaten, 1900 bis 1913.

(Nach dem Werte, s. Zahlentafel 8.)

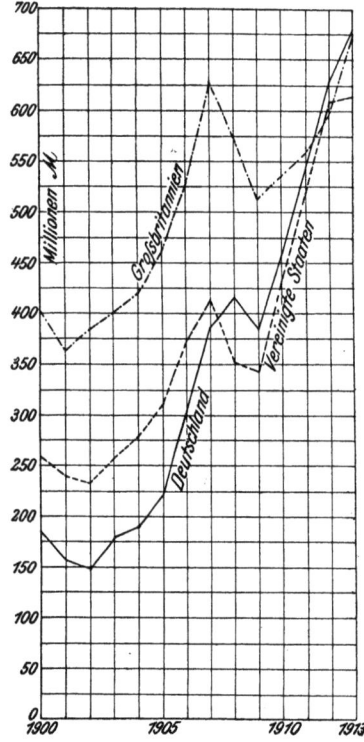

Jahrgang	Deutschland	Großbritannien	Ver. Staaten
1900	183	401	258
1901	157	364	240
1902	148	383	234
1903	179	401	257
1904	189	420	279
1905	221	462	313
1906	304	530	373
1907	387	628	414
1908	416	574	352
1909	384	512	343
1910	460	535	434
1911	544	558	520
1912	630	598	609
1913[1]	678	674	614

[1]) Vorläufige Ziffern; die endgültigen Ziffern sind für das Jahr 1913 noch nicht festgestellt.

Zahlentafel 6 zeigt außerdem Deutschlands Maschinenausfuhr seit 1900 nach dem Werte in Millionen ℳ, welche Angaben den Vergleichen mit den Angaben anderer Länder zugrunde gelegt werden müssen. Zum Vergleich sind in Zahlentafel 7 die Ziffern für die Maschinenein- und -ausfuhr der beiden Hauptwettbewerbländer, Großbritannien und der Vereinigten Staaten, zusammengestellt. Die Abbildungen 5 bis 7 zeigen neben der Entwicklung der Maschinenein- und -ausfuhr auch diejenige des Ausfuhrüberschusses in den drei Wettbewerbländern, und lassen im allgemeinen das gleiche Bild erkennen. Die Maschineneinfuhr hält sich der hochentwickelten heimischen Industrie entsprechend ziemlich auf gleicher Höhe; sie ist in Großbritannien mit Rücksicht auf die Durchfuhr zu den Kolonieen etwas höher, in den Vereinigten Staaten infolge der hohen Zölle niedriger. In der Zeit wirtschaftlichen Niederganges 1908 und 1909 zeigt die Entwicklung einen Rückschlag, der jedoch bei Deutschland nicht in gleichem Maße fühlbar geworden ist, wie in den beiden anderen Ländern. Abbildung 8 und Zahlentafel 8 zeigen dann noch des besseren Vergleiches wegen die Entwicklung der Maschinenausfuhr der drei Länder nach dem Werte. Die Ausfuhr Deutschlands hat sich seit einigen Jahren schnell derjenigen Großbritanniens genähert und sie in den Ergebnissen der beiden letzten Jahre bereits übertroffen, während diejenige der Vereinigten Staaten, die von Deutschland bereits seit 1908 überholt ist, in den letzten Jahren eine ebenso rasche Entwicklung genommen hat und erst im Jahre 1913 stärker zurückgeblieben ist; allem Anscheine nach werden die Vereinigten Staaten bei den großen Anstrengungen, die sie neuerdings zur Förderung ihres Auslandabsatzes machen, auf die Dauer ein viel gefährlicherer Gegner werden als Großbritannien, ähnlich wie dies auch in der Eisenindustrie bereits eingetreten ist. Die geringe Zunahme der amerikanischen Maschinenausfuhr im Jahre 1913 scheint durch die starke Zunahme der englischen Maschinenausfuhr ausgeglichen zu sein, wie anscheinend überhaupt die Entwicklung der Maschinenausfuhr der Vereinigten Staaten und von Großbritannien in einer gewissen Wechselbeziehung zu stehen scheinen, je nachdem ob die Maschinenindustrie der Vereinigten Staaten den Weltmarkt stark beschickt oder durch den Absatz im eigenen Lande genügend beschäftigt wird.

Unter Einrechnung der oben angeführten, den reinen Maschinen verwandten Erzeugnisse, hat die deutsche Maschinenindustrie im Jahre 1913 zum erstenmal in der Ausfuhr die stattliche Zahl von 1 Million t und damit einen Wert von rd. 1 Milliarde ℳ erreicht.

Zahlentafel 6 gibt dann noch den Anteil an, den die Maschinenein- und -ausfuhr an der Gesamtein- und -ausfuhr Deutschlands in den verschiedenen Jahren gehabt hat, Werte, die für die Betrachtung der volkswirtschaftlichen Bedeutung der Maschinenein- und -ausfuhr von Bedeutung sind. Dabei zeigt sich das erfreuliche Ergebnis, daß der Anteil der Ausfuhr stetig und ständig gestiegen ist, während der Anteil der Einfuhr einen erheblichen Rückgang aufweist, der in den letzten Jahren sich auf einem ziemlich niedrigen Satz gehalten hat.

Zahlentafel 9 und 10 geben sodann eine Uebersicht über Deutschlands Maschinenein- und -ausfuhr in den einzelnen Monaten des vergangenen Jahres[1]. Die Aufstellung umfaßt nur die eigentlichen Maschinen und gibt eine Unterteilung in die verschiedenen Maschinengattungen; außerdem verzeichnet sie noch einige wichtige mit dem Maschinenbau zum Teil unmittelbar zusammenhängende Erzeugnisse, wie namentlich Dampfkessel und die verschiedenen Arten von Fahrzeugen. Die Angaben dieser beiden Zahlentafeln sind den „Monatlichen Nachweisen über den auswärtigen Handel Deutschlands" entnommen.

Die Zahlentafeln 6 bis 10 und die Tafeln 3 und 4 zusammen mit den Abbildungen 4 bis 8 zeigen, von welcher Bedeutung der Außenhandel für die deutsche Maschinenindustrie ist. Es ist daher von großer Wichtigkeit für sie, zu verfolgen, wo ihre Erzeugnisse auf dem Weltmarkte Absatz finden und in welchem Maße sie in den einzelnen Absatzgebieten dem Wettbewerb ausgesetzt sind.

Um bei Untersuchungen hierüber zu richtigen Ergebnissen zu gelangen, wurde mit Rücksicht auf die schon wiederholt erwähnte Unzuverlässigkeit der Angaben über die Erzeugung der deutschen Maschinenindustrie wie auch aller statistischen Angaben überhaupt folgender Weg eingeschlagen:

Zunächst wurde versucht, festzustellen, in welchem Maße der Weltmarkt überhaupt Maschinen aufnimmt. Dabei mußte der Teil des Weltbedarfes, der jeweils durch die heimische Maschinenindustrie gedeckt wird, unberücksichtigt bleiben, da über die Maschinenerzeugung und den Absatz im eigenen Lande keinerlei Statistiken vorliegen; die einzigen Angaben, nach denen die großbritannische Maschinenerzeugung im Jahre 1907 auf 2,1 Milliarden ℳ amtlich festgestellt und die deutsche im Jahre 1907 auf 2,0 Milliarden ℳ im Jahre 1912 auf 2,5 Milliarden ℳ geschätzt worden sind, sind bereits im Teil I erwähnt worden. Unter Weltmarkt ist im folgenden der freie Markt verstanden, der in freiem Wettbewerb von den Maschinen ausführenden Ländern gedeckt wird.

Zunächst wurde aus den Handelstatistiken der verschiedenen Maschinen erzeugenden Länder der Umfang ihrer Maschinenausfuhr festgestellt. Die erhaltenen Ausfuhrzahlen der für die Untersuchung herangezogenen acht Länder sind in der Zahlen-

---

[1] Diese Berichte über die Entwicklung des deutschen Außenhandels in Maschinen werden allmonatlich vom Verein deutscher Maschinenbau-Anstalten herausgegeben und der Presse zur Veröffentlichung zur Verfügung gestellt um möglichst weiten Kreisen — nicht nur den unmittelbar beteiligten Fachkreisen — immer wieder die Bedeutung der deutschen Maschinenindustrie für den Weltmarkt vor Augen zu führen.

20

Zahlentafel 9. Monatstatistik der Maschinen-Einfuhr nach Deutschland im Jahre 1913.

Es betrug die Einfuhr an:	Nummern des stat. Warenverzeichnisses	Januar 1913 t	Februar 1913 t	März 1913 t	April 1913 t	Mai 1913 t	Juni 1913 t	Juli 1913 t	August 1913 t	Septbr. 1913 t	Oktober 1913 t	Nov. 1913 t	Dezbr. 1913 t	Jahr 1913 t	im ganzen[1]) Jahr 1912 t	Jahr 1911 t
Lokomotiven	892 a, b, c, d, 893 a	60	152	79	159	27	5	50	—	15	176	24	43	791	251	392
Lokomobilen	893 b, c	190	29	15	55	91	48	253	157	84	103	52	18	1 097	823	804
Dampfmaschinen	894 b	3	2	3	4	16	8	48	—	—	10	7	29	130	341	335
sonstigen Kraftmaschinen, einschl. Verbrennungs- und Explosionsmotoren	894 b-f, h-l	179	356	151	259	141	234	206	278	192	369	229	415	2 968	3 052	2 714
Nähmaschinen	895 a, b, 896 a, b, 897	184	187	258	333	311	264	337	197	294	354	220	225	3 166	4 550	3 141
Baumwollspinnmaschinen	899 d, e	1 518	1 220	391	1 664	975	1 073	805	1 020	1 306	1 132	1 413	1 410	15 225	12 042	11 747
Webereimaschinen	899 h, 900, 901 a, b, c	293	456	250	378	357	294	291	313	389	441	279	246	3 987	5 118	5 116
sonstigen Textilmaschinen	898, 899 a, b, c, f, g 902 a, b	469	507	219	399	391	361	298	260	376	451	353	390	4 463	5 525	4 842
Werkzeugmaschinen	904 a—d	607	748	715	924	768	703	686	495	452	402	463	579	7 539	8 825	7 383
landwirtschaftlichen Maschinen	905 a, b, 906 a—d	545	1 179	2 320	6 998	7 500	6 398	8 242	2 055	816	466	413	1 602	38 535	25 705	25 915
Brennerei-, Brauerei-, Mälzereimaschinen, Maschinen der Zuckerindustrie	906 e—h	11	17	8	1	5	3	11	12	4	20	7	2	101	158	73
Müllereimaschinen	906 i	82	27	40	25	15	69	32	38	29	37	71	81	548	537	721
Maschinen f. Holzstoff- u. Papierherstellung	906 k	2	1	3	—	17	15	5	10	1	6	135	7	202	288	386
Pumpen	903, 906 l	78	57	68	56	44	65	69	64	83	51	65	44	748	964	915
Eis- und Kältemaschinen	906 m	—	6	5	6	17	3	5	—	4	3	4	5	58	113	[2])
Hebemaschinen, einschl. Krane	894 g, m, 906 n	167	219	151	135	81	371	345	164	101	168	153	97	2 153	2 501	2 489
Baggern, Rammen	894 n	—	—	65	124	—	—	—	—	102	450	—	—	739	245	687
Buchdruckmaschinen	906 t, u	80	91	145	101	82	75	172	128	125	121	92	74	1 285	1 216	799
Buchbindereimaschinen	906 o	30	20	11	33	14	12	22	13	17	17	31	27	247	252	321
Ventilatoren und Gebläsemaschinen	906 q	77	59	63	65	273	55	43	78	37	38	80	62	924	455	630
Maschinen für Leder- und Schuhherstellung	906 r	35	32	25	26	37	46	26	24	27	39	27	21	365	562	610
Masch. f. Kalk-, Lehm-, Ton-, Zementindust.	906 s	21	58	28	21	54	63	43	106	21	28	4	16	462	286	425
Aufbereitungsmaschinen	906 p	16	50	14	48	5	32	20	35	8	70	26	19	344	499	361
sonstigen Maschinen	906 v	255	288	249	256	184	272	301	178	255	169	431	299	3 121	3 636	5 314
Maschinen zusammen[3])		4 902	5 761	5 276	12 070	11 405	10 469	12 310	5 625	4 738	5 121	4 579	5 711	89 198	77 944	76 130
Dampfkesseln	801—805	135	110	123	139	161	95	53	152	104	98	48	257	1 476	1 136	1 286
Eisenbahn- und Straßenbahnfahrzeugen[3])	918, 914 a—d	306	232	260	374	672	1 127	831	716	904	815	33	76	6 292	8 198	303
Kraftwagen	915 a, b	166	153	190	259	245	262	243	207	187	117	108	123	2 261	2 064	1 552
Krafträdern	915 e	2	2	7	5	2	4	8	4	3	5	3	3	48	30	34
Fahrrädern	916	3	1	5	5	3	4	2	3	2	1	1	1	31	29	179
Luftfahrzeugen, lenkbaren	915 d	1	1	—	1	1	1	—	—	—	1	—	1	8	7	—
Einzelteilen von Kraftwagen, Krafträdern, Fahrrädern, Luftfahrzeugen	915 c, e, 919, 920	18	18	21	20	17	14	11	9	9	11	12	18	179	157	—
Rechen- u. Schreibmasch., Kontrollkassen	891 c, f, g	104	156	98	91	85	74	70	72	27	78	108	76	1 036	1 040	—

[1]) Für die Jahre 1911 und 1912 sind die berichtigten, für das Jahr 1913 die vorläufigen Zahlen eingesetzt.
[2]) In der Ziffer der Pumpen enthalten.
[3]) Maschinenteile und Einzelteile von Eisenbahn- und Straßenbahnfahrzeugen werden in der Einfuhr nicht gesondert aufgeführt.

Zahlentafel 10. Monatstatistik der Maschinen-Ausfuhr Deutschlands im Jahre 1913.

Es betrug die Ausfuhr an:	Nummern des stat. Warenverzeichnisses	Januar 1913 t	Februar 1913 t	März 1913 t	April 1913 t	Mai 1913 t	Juni 1913 t	Juli 1913 t	August 1913 t	Septbr. 1913 t	Oktober 1913 t	Nov. 1913 t	Dezbr. 1913 t	Jahr 1913 t	im ganzen[1] Jahr 1912 t	Jahr 1911 t
Lokomotiven	892 a, b, c, d, 893 a	2 314	3 297	5 546	3 350	5 125	4 171	4 294	4 653	6 407	3 546	7 038	5 972	54 050	36 989	51 905
Lokomobilen	893 b, c	950	745	1 166	1 443	1 192	2 186	1 611	1 256	1 326	1 646	1 404	1 863	16 782	19 459	18 984
Dampfmaschinen	894 a	424	654	420	931	265	994	416	654	263	721	378	1 359	7 481	5 347	6 571
sonstigen Kraftmaschinen, einschl. Verbrennungs- und Explosionsmotoren	894 b-f, h-l	2 992	3 289	3 220	4 894	3 377	3 908	4 999	4 481	3 704	4 950	4 899	12 555	57 049	50 552	39 869
Nähmaschinen	895 a, b, 896 a, b 897	2 085	2 156	2 237	2 195	2 088	2 193	2 431	1 921	2 144	2 264	2 288	2 696	26 703	27 323	25 029
Baumwollspinnmaschinen	899 d, e	57	106	205	131	100	130	126	287	267	432	364	174	2 378	1 774	2 443
Webereimaschinen	899 h, 900, 901 a, b, c	1 788	2 077	1 926	1 856	1 971	2 073	1 799	1 257	1 677	1 737	1 511	1 788	21 264	22 849	22 206
sonstigen Textilmaschinen	898, 899 a, b, e, f, g, 902 a, b	2 150	2 251	1 747	1 434	2 481	2 236	2 208	1 460	2 285	2 316	2 322	2 482	25 367	26 236	25 619
Werkzeugmaschinen	904 a–d	7 680	7 241	7 324	7 336	6 669	6 924	6 324	5 865	6 729	6 417	7 437	14 441	90 321	77 283	64 851
landwirtschaftlichen Maschinen	905 a, b 906 a–d	2 193	2 938	3 208	3 908	3 863	5 753	4 540	3 541	3 925	3 014	2 030	1 781	40 672	40 768	29 570
Brennerei-, Brauerei-, Mälzereimaschinen, Maschinen der Zuckerindustrie	906 e–h	1 020	1 854	1 747	3 570	2 133	1 933	2 538	1 176	1 943	1 776	1 284	5 584	26 556	24 691	26 378
Müllereimaschinen	906 i	1 067	927	740	990	1 115	1 655	1 497	1 376	1 371	1 201	874	1 100	13 912	16 992	13 984
Maschinen f. Holzstoff- u. Papierherstellung	906 k	585	455	442	482	390	566	1 218	459	621	950	1 005	3 494	10 668	11 780	7 945
Pumpen	903, 906 l	1 420	1 253	1 476	1 158	1 431	1 315	1 171	1 109	1 219	1 077	1 258	1 281	15 170	12 254	11 533
Eis- und Kältemaschinen	906 m	106	91	140	124	171	139	122	106	171	154	76	543	1 944	2 592	[2]
Hebemaschinen, einschl. Krane	894 g, m, 906 n	1 450	1 313	1 895	1 688	2 177	1 675	2 158	1 843	1 802	2 100	2 067	4 310	24 481	16 567	15 151
Baggern, Rammen	894 n	168	341	895	561	491	423	396	206	169	1 779	566	1 318	7 210	8 456	6 097
Buchdruckmaschinen	906 t, u	972	926	981	1 004	883	1 195	1 076	785	1 048	917	1 064	1 366	12 208	11 873	11 859
Buchbindereimaschinen	906 o	507	475	536	535	477	494	636	436	542	536	386	629	6 189	6 441	5 794
Ventilatoren und Gebläsemaschinen	906 q	296	339	581	329	454	452	472	340	638	419	371	704	5 394	4 600	2 444
Maschinen für Leder- und Schuhherstellung	906 r	394	384	315	310	339	313	337	330	311	374	342	315	4 064	3 975	3 258
Masch. f. Kalk-, Lehm-, Ton-, Zementindust.	906 s	1 304	1 275	2 012	1 623	1 751	2 180	2 592	1 164	886	1 527	809	1 699	18 824	14 608	12 245
Aufbereitungsmaschinen	906 p	533	849	958	1 210	793	1 032	959	738	1 543	841	910	3 605	13 973	9 080	10 240
sonstigen Maschinen	906 v	2 275	2 347	2 287	2 396	2 518	3 109	2 866	2 370	2 506	2 964	2 264	4 106	31 950	30 034	25 229
Maschinenteilen (in der Einfuhr nicht gesondert aufgeführt)	893 d, 894 o, 894 p, 902 c, 905 c, 906 w	4 266	5 408	5 616	5 757	4 872	5 277	5 443	4 799	4 119	4 679	4 194	5 733	59 359	55 841	36 812
Maschinen zusammen		38 996	42 991	47 620	49 215	47 126	52 326	52 229	42 612	47 616	48 437	47 141	80 269	593 969	538 361	476 016
Dampfkesseln	801—805	2 759	3 331	3 532	3 892	3 400	3 319	3 581	3 161	3 481	3 953	3 862	4 456	42 567	36 114	34 515
Eisenbahn- und Straßenbahnfahrzeugen	913, 914 a–d	8 072	8 855	4 902	5 610	5 775	7 166	7 435	6 560	4 789	4 976	3 111	6 841	73 953	52 117	51 078
Einzelteilen von Eisenbahn- und Straßenbahnfahrzeugen (in der Einfuhr nicht gesondert aufgeführt)		362	531	461	649	582	958	698	242	596	817	685	931	7 512	6 247	—
Kraftwagen	914 e	1 058	1 008	1 061	1 280	1 495	1 301	1 057	915	1 109	939	676	816	12 704	11 115	6 717
Krafträdern	915 a, b	27	30	34	54	45	31	23	18	18	9	16	10	314	318	208
Fahrrädern	915 c	133	200	276	278	222	209	128	77	77	97	69	97	1 863	1 677	14 258
Luftfahrzeugen, lenkbaren	916	3	1	1	7	12	7	—	1	2	2	1	4	39	33	—
Einzelteilen von Kraftwagen, Krafträdern, Fahrrädern, Luftfahrzeugen	915 d, 915 e, 919, 920	908	935	926	939	869	691	862	643	762	834	846	697	10 133	8 885	—
Rechen- u. Schreibmasch., Kontrollkassen	891 e, f, g	67	75	72	58	55	68	59	51	49	57	59	98	771	682	—

[1] Für die Jahre 1911 und 1912 sind die berichtigten, für das Jahr 1913 die vorläufigen Zahlen eingesetzt.
[2] In der Ziffer der Pumpen enthalten.

tafel 11 niedergelegt und in bildlichem Vergleich in dem oberen Teile der Abbildung 9. Hierbei wurde jeweils der auf Deutschland entfallende Teil der Ausfuhr besonders hervorgehoben, da das Hauptaugenmerk bei den Untersuchungen ja auf die Beziehungen von Deutschlands Maschinenindustrie zum Weltmarkte gerichtet war.

Weiterhin wurde an Hand der Handelstatistiken der verschiedenen Länder festgestellt, in welchem Umfange sie Maschinen aufnehmen. Zu dieser Untersuchung wurde eine größere Reihe von Ländern, im ganzen 27, herangezogen. Zugleich wurde der Anteil jedes der drei hauptsächlichsten Maschinen erzeugenden Länder, Deutschland, Großbritannien und Vereinigte Staaten, ermittelt (Zahlentafel 12) und in dem unteren Teile der Abbildung 9 zur Darstellung gebracht; dies zu dem Zwecke, zugleich die Verhältnisse der beiden Hauptwettbewerbländer zu studieren, deren Anteil an der Maschineneinfuhr in der zeichnerischen Darstellung mit veranschaulicht ist.

Da die Aufzeichnungen der Handelstatistiken nicht auf einheitlicher Grundlage vorgenommen werden, so sind die Angaben der Einfuhrstatistiken

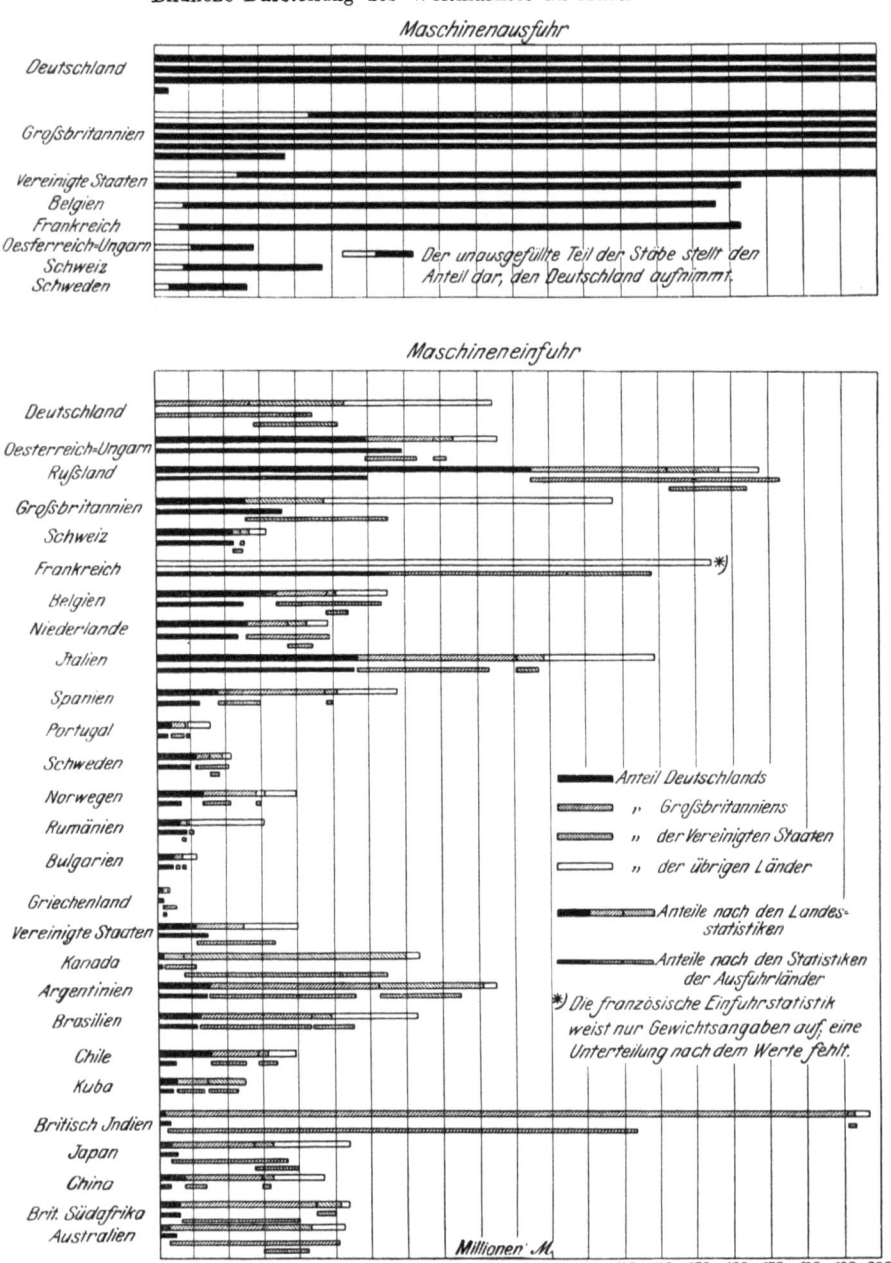

Abbildung 9.
Bildliche Darstellung des Weltmarktes an Maschinen.

über den Anteil der drei an der Maschineneinfuhr des betreffenden Landes beteiligten Wettbewerber dadurch kontrolliert worden, daß jeweils die entsprechende Ausfuhrziffer ihrer eigenen Landesstatistiken zum Vergleich danebengestellt wurde. In der Zahlentafel 12 sind diese Zahlen in Klammern beigefügt; in der bildlichen Darstellung sind die Zahlen der eigenen Landesstatistiken darunter und etwas schwächer eingezeichnet.

Um die Verschiedenheiten der einzelnen Jahre möglichst auszugleichen, wurden bei dieser Untersuchung nicht die Zahlen eines bestimmten einzelnen Jahrganges, sondern der Durchschnitt der drei Jahre 1908 bis 1910 gewählt. In den letzten Jahren, seit 1910, ist, wie die verschiedenen inzwischen erschienenen Statistiken zeigen, die Maschinenausfuhr in allen Maschinen erzeugenden Ländern weiter gestiegen, vergl. Zahlentafel 8 und Abbildung 8; dabei ist die Steigerung in Deutschland verhältnismäßig größer gewesen, als in den anderen Ländern, was bei der Beurteilung der Sachlage nicht außer acht zu lassen ist. Die Untersuchung nach den Handelsstatistiken der Maschinen aufnehmenden Länder konnte nicht auf spätere Jahre ausgedehnt werden, da einzelne Länder ihre Handelsstatistiken mit großer Verspätung veröffentlichen; bei Abschluß der Arbeiten lagen die Handelsstatistiken über das Jahr 1911 von verschiedenen beachtenswerten Absatzländern noch nicht vor.

Die beiden Zahlentafeln 11 und 12 und die bildliche Darstellung Abbildung 9 geben einen allgemeinen Ueberblick über die Verhältnisse auf dem Weltmarkte in Maschinen; sie weisen eine Gesamt-Maschinenausfuhr seitens der Maschinen erzeugenden Länder im Werte von 2229 Mill. ℳ nach, wovon Deutschland selbst rd. 108 Mill. ℳ aufnimmt. Eine Ergänzung finden die Zahlentafel 12 und die Abbildung 9 durch die Kartendarstellungen Abbildungen 10 bis 13, welche die Maschineneinfuhr in die europäischen Länder und in die hauptsächlichsten übrigen Länder des Weltballs wiedergibt. Hierbei sind einmal die Angaben über die Einfuhr nach den Landesstatistiken der fremden Länder verwertet worden, das andere Mal die Vergleichausfuhrziffern der liefernden Wettbewerbländer.

Und zwar zeigt Abbildung 10 die europäischen Länder nach den Einfuhrstatistiken der betreffenden Länder; in Abbildung 11 sind unter Beibehaltung des Wertes der Gesamteinfuhr nach den Angaben dieser fremden Einfuhrstatistiken die entsprechenden Sektoren, welche die Anteile der drei Hauptwettbewerbstaaten (Deutschland, Großbritannien und Vereinigte Staaten) veranschaulichen, gemäß den Angaben ihrer eigenen Ausfuhrstatistiken vergrößert oder verkleinert, so daß ein berichtigtes Bild entstanden ist. In Abbildung 12 sind in gleicher Weise und in gleichem Maßstabe die Anteile der hauptsächlichsten außereuropäischen Länder nach den Ziffern ihrer Einfuhrstatistiken veranschaulicht und in Abbildung 13 entsprechend den Angaben der Ausfuhrstatistiken der drei Hauptwettbewerbländer berichtigt.

Die Summe der Einfuhrziffern (Zahlentafel 12), die doch derjenigen der Ausfuhrziffern (Zahlentafel 11), eigentlich gleichkommen sollte, weist nun in Wirklichkeit nur einen Verbleib von Maschinen im Werte von 1870 Mill. ℳ nach, gegenüber den nachgewiesenen Ausfuhrwerten von 2229 Mill. ℳ in den acht untersuchten Ländern. Dieser erhebliche Fehlbetrag würde sich auch schwerlich decken lassen durch Einbeziehung der Einfuhrziffern der übrigen noch nicht berücksichtigten Länder, ganz abgesehen davon, daß diese Ziffern größtenteils gar nicht zu erhalten wären, weil viele dieser Länder keine eingehenden statistischen Nachweise veröffentlichen.

Die Welteinfuhr an Maschinen erscheint vielmehr in der Statistik aus folgenden Gründen kleiner als die Weltausfuhr.

Der Begriff „Maschine" ist in vielen Ländern zum Teil noch umfassender als in Deutschland, was die Neigung verstärkt, beim Fehlen von Sondervorschriften alles mögliche unter diesen Begriff zu bringen. Solche Vorschriften fehlen aber zum Teil gerade in bezug auf das Anschreiben der Ausfuhr, das lediglich statistischen Zwecken dient, während bei der Einfuhr immer noch das Zollinteresse zu genauerer Bezeichnung der Sendung und Kontrolle diese Bezeichnung zwingt.

Insbesondere wird fast in allen Ländern die Einfuhr schon wegen der Zollbehandlung vielmehr unterteilt angeschrieben. Viele Waren werden bei der Einfuhr, den Bestimmungen der Zolltarife entsprechend, nach dem Material verzollt, während sie

Zahlentafel 11.
Weltmarkt an Maschinen, berechnet nach den Statistiken der Maschinen ausführenden Länder.

Ausfuhr-Land	Wert der Ausfuhr in Tausend ℳ [1]	
	insgesamt	davon nach Deutschland
Deutschland	603 930	—
Großbritannien	837 793	44 231
Ver. Staaten	363 031	24 486
Belgien	157 436	8 213
Frankreich	163 652	7 476[2]
Oesterreich-Ungarn. . . .	28 516	10 531
Schweiz	48 027	8 821
Schweden	26 749	4 150
Summe	2 229 134	107 908

[1]) Die Zahlen sind Durchschnittswerte der Jahre 1908 bis 1910.
[2]) Nach der deutschen Einfuhrstatistik, da die in der französischen Handelsstatistik aufgeführten Wertangaben für die Einfuhr nur die Gruppe „Machines et Mécaniques" enthalten, die nicht nur eigentliche Maschinen umfaßt.

Zahlentafel 12.

Weltmarkt an Maschinen berechnet nach den Statistiken über die Maschinen-Einfuhr.

Die Ziffern sind den Einfuhr-Landesstatistiken entnommen; wegen der Verschiedenheiten der Anschreibungen sind die entsprechenden Ziffern der Ausfuhrstatistiken der drei Wettbewerbländer (in Klammern) hinzugefügt.

Einfuhrland	Wert der Einfuhr in Tausend ℳ [1]			
	Insgesamt	davon kommt auf die Ausfuhrländer		
		Deutschland	Großbritannien	Ver. Staaten
Deutschland	94 028	— —	26 983 (44 237)	26 400 (24 853)
Oesterreich-Ungarn	95 390	59 550 (69 417)	18 785 (14 424)	5 546 (3 137)
Rußland	167 653	104 468 (60 287)	39 293 (69 156)	13 069 (21 328)
Großbritannien	127 728	25 497 (35 347)	—	22 126 (40 228)
Schweiz	31 403	22 098 (22 261)	2 238 (2 023)	1 759 (890)
Frankreich	154 499	—[2] (65 196)	—[2] (49 910)	—[2] (23 478)
Belgien	65 502	34 310 (24 885)	13 882 (29 051)	2 292 (5 867)
Niederlande	48 092	25 938 (23 328)	11 548 (22 820)	5 073 (6 943)
Italien	138 762	57 037 (56 340)	43 526 (36 692)	7 848 (6 006)
Spanien	68 038	16 735 (11 254)	31 364 (12 769)	2 506 (1 642)
Portugal	15 245	4 264 (3 497)	4 749 (4 617)	553 (185)
Schweden	21 228	10 809 (9 941)	4 267 (9 377)	3 475 (2 545)
Norwegen	39 532	13 418 (6 485)	15 106 (7 580)	1 920 (1 453)
Rumänien	30 563	6 939 (9 734)	2 371 (1 165)	643 (693)
Bulgarien	11 802	5 601 (4 837)	1 887 (266)	55 (248)
Griechenland	1 987	672 (1 284)	678 (4 597)	87 (143)
Ver. Staaten	40 043	11 193 (14 690)	13 978 (22 432)	—
Kanada	72 341	890 (407)	6 304 (10 092)	63 097 (57 641)
Argentinien	104 935	14 556 (13 944)	48 535 (41 452)	37 868 (22 600)
Brasilien	73 386	11 360 (10 309)	31 942 (31 605)	13 535 (11 206)
Chile	39 606	15 143 (5 336)	13 643 (10 133)	2 838 (5 225)
Kuba	25 320	1 420 (1 209)	3 361 (2 431)	19 917 (14 171)
Britisch-Indien	197 125	1 979 (2 823)	189 414 (131 120)	1 652 (1 957)
Japan	54 057	3 151 (5 137)	30 888 (33 403)	5 203 (12 789)
China	46 575	7 557 (4 250)	21 441 (6 292)	3 660 (2 280)
Britisch-Südafrika	53 751	5 537 (5 613)	38 245 (34 547)	7 784 (5 309)
Australien	52 178	2 656 (4 112)	27 151 (47 581)	13 259 (12 134)
Summe	1 870 769	527 974 (471 953)	691 489 (679 772)	285 647 (284 951)
Mittelwert:		499 964	685 631	285 299

[1]) Die Zahlen sind Durchschnittwerte der Jahre 1908 bis 1910.
[2]) Die französische Statistik sieht in den Wertangaben keine Unterteilung nach den Bezugländern vor.

bei der Ausfuhr ohne weiteres als „Maschinen" gelten; schon die vereinfachte Behandlung der statistischen Nachweise bei der Ausfuhr wirkt in dieser Richtung. Im einzelnen ist dabei noch folgendes festzustellen:

1. Geräte usw. werden bei der Ausfuhr vielfach als Maschinen aufgeführt, bei der Einfuhr dagegen als Geräte. Namentlich geschieht dies mit landwirtschaftlichen Geräten und sogar mit Werkzeugen.

2. Maschinenteile werden vielfach ebenfalls bei der Ausfuhr als Maschinen aufgeführt, dagegen bei der Einfuhr entweder gesondert als Teile, oder aber nach dem Material verzollt und in der Statistik dann allgemein als Waren aus diesem oder jenem Stoff angeschrieben.

Insbesondere geschieht dies bei Gegenständen aus Kupfer und anderen hochwertigen Metallen, die in den Ausfuhrnachweisen vielfach ohne weiteres als Maschinen oder Maschinenteile aufgeführt werden[1].

Maschinenteile, soweit sie überwiegend aus Rotguß, Weißmetall usw. bestehen, werden bei der Einfuhr meist als Waren aus diesen Metallen verzollt; es erscheint fraglich, ob sie bei der Ausfuhr immer ebenso angeschrieben werden.

3. Die Verzollung nach dem Material spielt auch bei der Einfuhr der ganzen Maschinen, namentlich der kleinen Maschinen, häufig die gleiche Rolle.

4. Der Einfluß der elektrischen Industrie verringert die Maschinen-Einfuhrziffern, da bei der Einfuhr wegen des höheren Zollsatzes vielfach alle elektrisch angetriebenen Maschinen den

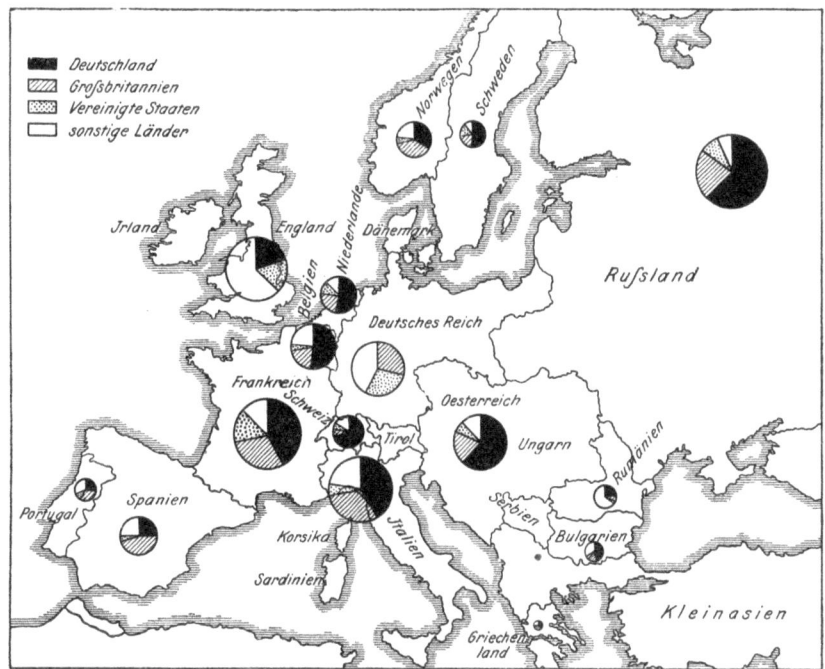

Abbildung 10.
Maschineneinfuhr in die europäischen Länder
(Nach den Einfuhrstatistiken der betreffenden Länder.)

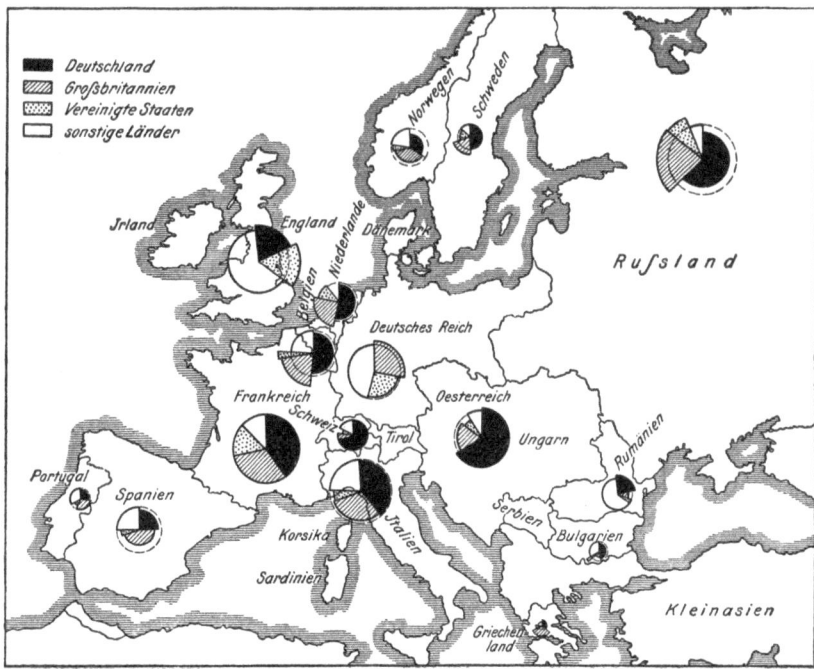

Abbildung 11.
Maschineneinfuhr in die europäischen Länder.
(Berichtigt nach den Ausfuhrstatistiken der drei Wettbewerbländer.)

---

[1] In Deutschland bestehen zum Teil unmittelbare Vorschriften über verschiedenartige Behandlung bei der Ein- und Ausfuhr; so werden zB. Maschinenteile bei der Einfuhr nach den besonderen Tarifnummern 783a bis d, 799a bis d behandelt, bei der Ausfuhr dagegen wie die betreffenden Maschinen nach den Tarifnummern 892 bis 906 angeschrieben. In anderen Ländern geht es ähnlich.

Abbildung 12a und 12b.
Maschineneinfuhr der wichtigsten außereuropäischen Länder.
(Nach den Einfuhrstatistiken der betreffenden Länder.)

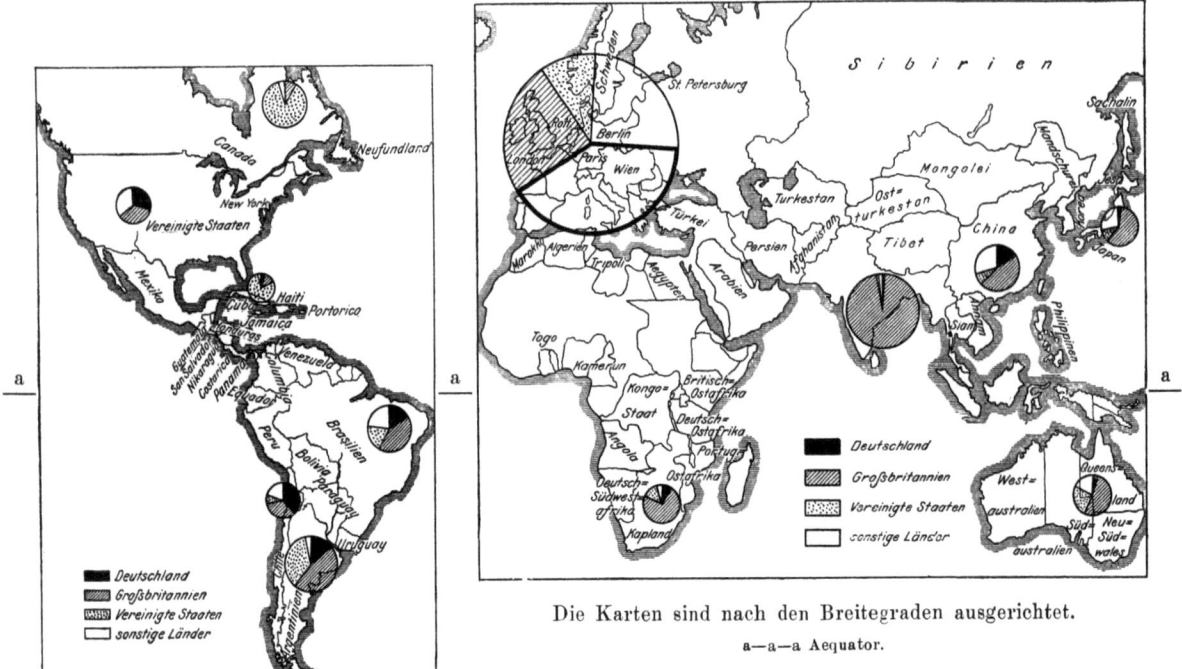

Die Karten sind nach den Breitegraden ausgerichtet.
a—a—a Aequator.

Abbildung 13a und 13b.
Maschineneinfuhr der wichtigsten außereuropäischen Länder.
(Berichtigt nach den Ausfuhrstatistiken der drei Wettbewerbländer.)

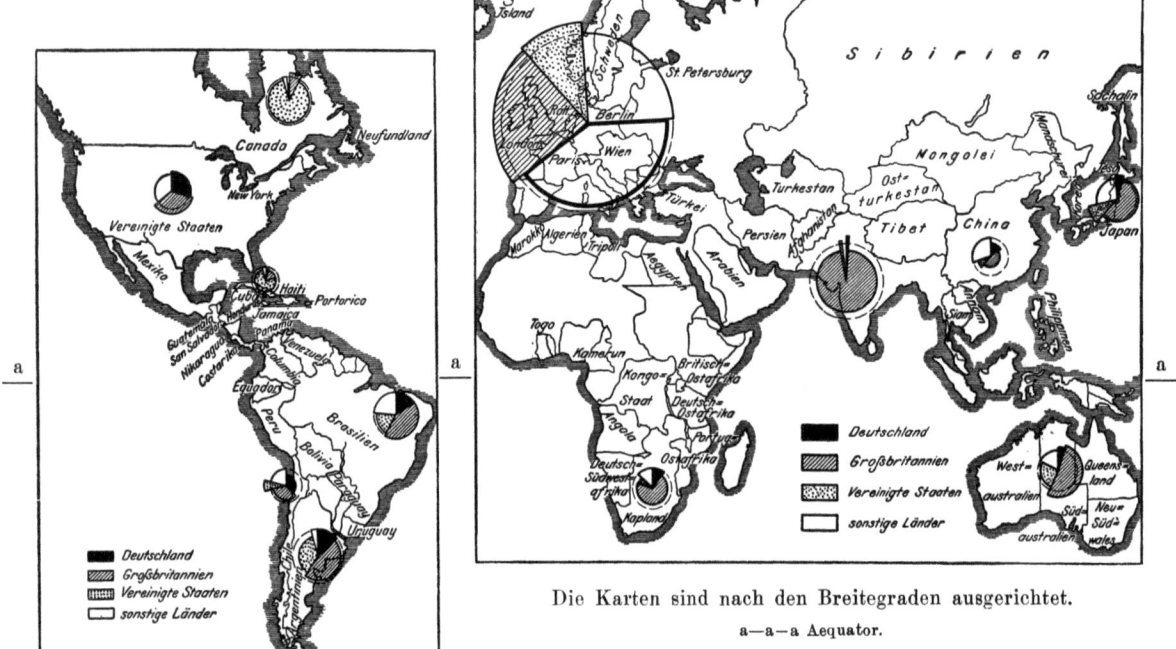

Die Karten sind nach den Breitegraden ausgerichtet.
a—a—a Aequator.

Positionen elektrischer Maschinen zugewiesen werden (Beisp: Italien), während bei den Anschreibungen für die Ausfuhr sicher nicht in gleicher Weise verfahren wird.

5. Die Anschreibungen der Durchfuhrländer, welche die Durchfuhrgüter vielfach nur in ihre Ausfuhrstatistik mit aufnehmen, dagegen bei der Einfuhr in Freilager wohl auf eine Anschreibung

verzichten, führen zum Teil zu einer doppelten Anschreibung in der Ausfuhr, der naturgemäß nur eine einfache Anschreibung der Einfuhr in dem Bestimmungslande gegenübersteht. Namentlich ist dieser Einfluß bei Belgien und Großbritannien zu vermuten, wo beispielsweise vielfach deutsche Waren nur mit anderen Firmen oder Abzeichen versehen und dann als Erzeugnisse des eigenen Landes wieder ausgeführt werden. In den belgischen Häfen wird anscheinend die Ausfuhr zum Teil ganz ohne Rücksicht auf die Herkunft angeschrieben.

6. Die reinen, zum Teil freihändlerischen Rohstoffstaaten haben unter Umständen kein besonderes Interesse an einer genaueren handelstatistischen Anschreibung, insbesondere bei der Einfuhr; diese kann mitunter weit größer sein als angegeben wird. Natürlich trifft dies auch die Ausfuhr, aber diese kommt in solchen Ländern für die Maschinenpositionen nicht in Frage.

7. Der Einführer sucht sich im allgemeinen die günstigsten Tarifpositionen aus, mit denen er seine Ware durchbringt, namentlich sucht er seinerseits oft eine Verzollung nach Materialpositionen statt nach Maschinenpositionen zu machen, falls jene günstiger sind, was oft der Fall ist; demgemäß werden die so durchgebrachten Waren in der Statistik nicht als „Maschinen" aufgeführt.

8. Der Einführer sucht sich auch die günstigsten Zollämter aus, d. h. solche, die seiner Erfahrung gemäß niedrig zu verzollen pflegen. Das erniedrigt namentlich bei der Verzollung nach dem Werte vielfach die nach den Angaben der Zollämter eingesetzten Einfuhrsummen.

9. Unbestimmte oder ungenügend beschriebene Gegenstände geraten bei der Ausfuhr sehr leicht unter „Maschinen"; bei der Einfuhr werden die Angaben meist kontrolliert.

10. Bei der Welteinfuhr an Maschinen ist immer die Einfuhr bei einer großen Zahl von Ländern nicht zu ermitteln, während die Weltausfuhr an Maschinen durch die Hauptindustriestaaten gegeben ist, die zudem noch geordnete Handelstatistiken besitzen.

Die hier aufgezählten Punkte sind nicht zu beseitigende Mängel aller statistischen Untersuchungen über die Handelverhältnisse; sie sind in der Unvollkommenheit und Ungleichmäßigkeit der Handelstatistiken der verschiedenen Länder begründet und leider einstweilen nicht zu beheben.

Soweit es die Einteilung der vorhandenen Handelstatistiken zuließ, wurde der in Höhe von 2229 Mill. ℳ festgestellte Bedarf des Weltmarktes an Maschinen, soweit er nicht durch die heimische Erzeugung der betrachteten Länder gedeckt wird und daher in den Handelstatistiken nicht erscheint, nach den wichtigsten Maschinenarten unterteilt. Dabei zeigte sich, daß rd. $^3/_4$ des Gesamtbetrages von dieser Unterteilung erfaßt werden, nämlich 1627 Mill. ℳ. Die sich hieraus ergebenden Anteilziffern der einzelnen Maschinengattungen nebst den Anteilen Deutschlands sowohl als Lieferer als auch als Käufer sind in Zahlentafel 13 zusammengestellt; Abbildung 14 gibt eine bildliche Darstellung dieser Unterteilung.

Beachtenswert sind vor allem der außerordentliche Bedarf an Kraftfahrzeugen sodann an Textilmaschinen, landwirtschaftlichen Maschinen und rollendem Eisenbahngut (Lokomotiven und Wagen); darauf folgen Werkzeugmaschinen und Nähmaschi-

Zahlentafel 13.

Zergliederung des Weltmarktes an Maschinen.

Von dem in Zahlentafel 11 festgestellten Weltbedarf an Maschinen im Betrag von 2229 Mill. ℳ lassen sich nach den vorhandenen Handelstatistiken 1627 Mill. ℳ auf 13 verschiedene Gruppen in folgender Weise unterteilen:

Maschinenart	Teilbetrag		Deutschlands Anteil			
			als Lieferer		als Käufer	
	in Mill. ℳ	vH.	in Mill. ℳ	in vH. des Gesamtbetrages	in Mill. ℳ	in vH. des Gesamtbetrages
Lokomobilen	17	1,0	15	90	0,7	4,0
Dampfmaschinen	23	1,4	8	35	0,2	1,0
Sonstige Kraftmaschinen	52	3,2	35	68	3,0	5,7
Lokomotiven	100	6,1	45	45	0,3	0,3
Eisenbahnwagen	115	7,1	25	42	1,8	1,5
Nähmaschinen	112	6,9	45	40	5,5	5,0
Schreibmaschinen	30	1,8	i. früh. deutschen Statistiken vor 1912 keine Angaben			
Textilmaschinen	220	13,5	45	20	14,0	6,5
Landwirtschaftl. Maschinen	228	14,0	23	10	20,0	7,8
Werkzeugmaschinen	115	7,1	64	56	9,0	7,8
Bergwerksmaschinen	40	2,5	in der deutschen Statistik nicht besonders aufgeführt			
Kraftfahrzeuge und Fahrräder	380	23,4	61	16	10,5	2,8
Sonstige Maschinen	195	12,0	30	15	9,0	4,5
Zusammen	1627	100,0	396	24,3	74,0	4,6

nen, und den Schluß erst bildet die Gruppe der Kraftmaschinen, denen die Bergwerksmaschinen noch zugerechnet werden können; beachtenswert ist auch der erhebliche Betrag an Schreibmaschinen.

Aus den auf die Ausfuhr Deutschlands entfallenden Beträgen ist ersichtlich, daß die deutsche Maschinenindustrie an der Versorgung des Weltmarktes hauptsächlich mit Kraftmaschinen und Werkzeugmaschinen beteiligt ist. Unter den ersteren sind vor allem die Lokomobilen mit einem Anteil Deutschlands von 90 vH. zu nennen. Es folgt die Gruppe der sonstigen Kraftmaschinen mit 68 vH. Hierunter fallen Explosions- und Verbrennungsmotoren, Wasserkraftmaschinen, Windmotoren usw.; auch die Dampfmaschinen sind noch mit dem an-

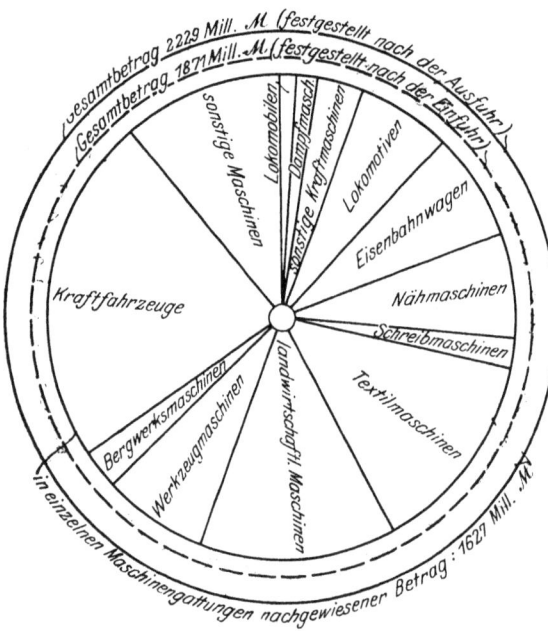

Abbildung 14.
Der Weltmarkt an Maschinen, zergliedert nach Maschinengattungen.
(Vergl. Zahlentafel 13.)

sehnlichen Betrag von 35 vH. beteiligt. Die Lokomotiven sind mit 45 vH., Nähmaschinen endlich mit 40 vH. der Gesamtlieferung beteiligt.

Um seinen eigenen Mehrbedarf zu decken, den die heimische Erzeugung aus irgendwelchen Gründen nicht liefert, erscheint Deutschland auch als Käufer auf dem Weltmarkt mit den in den beiden letzten Spalten der Zahlentafel 13 gegebenen Ziffern.

Im Verhältnis zum Bedarf des Gesamtweltmarktes ist also Deutschlands Bedarf am größten in landwirtschaftlichen Maschinen, Werkzeug- und Textilmaschinen. Nach der Höhe der absoluten Einfuhrwerte reiht sich hieran noch die Gruppe der Kraftfahrzeuge und Fahrräder.

Die Höhe der Beträge, mit denen Deutschland einerseits an der Versorgung des Weltmarktes und andererseits an der Entnahme von diesem beteiligt ist, läßt nun unmittelbar auf den augenblicklichen Stand der einzelnen Zweige der deutschen Maschinenindustrie schließen, sowie auf die Entwicklungsmöglichkeiten, die sich ihr für die Zukunft eröffnen. Es muß vor allem das Bestreben der deutschen Maschinenindustrie sein, in den eben angeführten Zweigen, in denen die Einfuhr vom Auslande noch so bedeutend ist, selbst Erzeugnisse zu liefern, die alle Vorzüge der ausländischen Ware in sich vereinigen und damit den Bezug aus fremden Ländern überflüssig machen.

Für die weitere Entwicklung der Maschinenausfuhr sind die Ziffern, die Deutschlands Anteil an der Versorgung des Weltmarktes angeben, ein deutlicher Fingerzeig. Diese Ziffern allein genügen aber noch nicht. Vor allem ist es, wie schon erwähnt, für die deutsche Maschinenausfuhr von großer Wichtigkeit, möglichst genaue Kenntnis über die Besonderheiten der verschiedenen Weltmärkte zu besitzen, um mit gutem Erfolge die richtigen Waren am richtigen Platz zum Verkauf zu bringen.

Daher sollen im folgenden die verschiedenen Weltmärkte kurz besprochen werden. Ein Rückblick auf die Zahlen der letzten Jahre läßt ohne weiteres erkennen, daß für Deutschlands Maschinenausfuhr der Schwerpunkt immer noch in Europa liegt, nehmen doch allein Oesterreich-Ungarn, Rußland und Frankreich zusammen über 50 vH., seiner Gesamtausfuhr an Maschinen auf, während die Einfuhr an Maschinen dieser Länder nach Deutschland verhältnismäßig unbedeutend ist.

Zu beachten ist, daß die im folgenden gegebenen Zahlenangaben Durchschnittzahlen der drei Jahre 1908 bis 1910 sind, damit sie sämtlich Vergleichwerte darstellen. Nur in einzelnen Fällen, in denen dies besonders erwähnt ist, sind die Ergebnisse anderer Jahre herangezogen worden.

Die

europäischen Staaten

mögen daher zuerst besprochen werden.

Vorweg sei darauf hingewiesen, daß im folgenden, um nicht zu sehr in Einzelheiten einzugehen, nur die Hauptgruppen der an der Einfuhr beteiligten Maschinen besprochen worden sind, soweit die Unterteilung der Handelsstatistiken Einblick gestattet[1]).

Oesterreich-Ungarns Einfuhr an Maschinen und Apparaten nimmt ständig und zwar in ganz bedeutendem Maße zu; ihr Gesamtwert beläuft sich auf rd. 100 Mill. ℳ denen eine Ausfuhr von nur 30 Mill. ℳ gegenübersteht.

Den Hauptanteil an der Einfuhr hat Deutschland mit 60 vH.; von der Ausfuhr nimmt Deutschland 30 vH. auf.

---
[1]) Die Geschäftstelle des Vereines deutscher Maschinenbau-Anstalten hat über die Absatzverhältnisse nach den einzelnen Ländern eingehende Unterlagen gesammelt, die deutschen Interessenten zur Einsichtnahme zur Verfügung stehen.

Ein Hauptabsatzgebiet, zunächst für landwirtschaftliche Maschinen, versprechen Bosnien und die Herzegowina zu werden, deren Bevölkerung noch zu 88 vH. Landwirtschaft betreibt. Allerdings ist die ganze Entwicklung in diesen Ländern noch ziemlich weit zurück; doch ist zu erwarten, daß mit der Ausführung der bedeutenden, neu geplanten Eisenbahnen eine allgemeine Hebung der Kultur und damit eine erweiterte Absatzmöglichkeit Hand in Hand geht.

Die Einfuhr setzt sich in der Hauptsache zusammen aus folgenden Maschinen:

Textilmaschinen für 20 Mill. ℳ, wovon auf Deutschland und Großbritannien je etwa ein Drittel entfällt; außerdem hat noch die Schweiz einen nennenswerten Anteil daran. Festzustellen ist eine Vorzugstellung Großbritanniens in der Lieferung von Baumwollspinnmaschinen, die auch auf dem deutschen Markte selbst noch vorhanden ist; sie kann nur dadurch bekämpft werden, daß die deutschen Fabrikanten sich den jeweiligen besonderen Verhältnissen in ihren Erzeugnissen möglichst anpassen und diesen auf solche Weise von vornherein ein Uebergewicht über die Erzeugnisse des englischen Wettbewerbes sichern.

Landwirtschaftliche Maschinen mit einer Gesamteinfuhr von 13 Mill. ℳ kommen zu je 40 vH. von Deutschland und den Vereinigten Staaten. In einigen Sondermaschinen für die Landwirtschaft ist außerdem die Einfuhr Schwedens (Molkereimaschinen) und Großbritanniens zu erwähnen. Gerade die landwirtschaftlichen Maschinen dürften sich in der Zukunft zu einem Hauptausfuhrzweig gestalten lassen, wenn auf richtigem Wege vorgegangen und dafür Sorge getragen wird, daß die deutschen Erzeugnisse noch bekannter und wegen ihrer besonderen Vorzüge gewürdigt werden. In landwirtschaftlichen Maschinen kommt als Wettbewerber vor allem auch die österreichisch-ungarische Industrie in Betracht.

Die nach Oesterreich-Ungarn eingeführten Werkzeugmaschinen im Werte von 4 Mill. ℳ kommen zu ³/₄ aus Deutschland.

Die Nähmaschinen im Werte von 3 Mill. ℳ kommen zur Hälfte aus Deutschland, die andere Hälfte liefert Großbritannien, abgesehen von einem kleinen Anteil der Vereinigten Staaten.

Schreibmaschinen für 5 Mill. ℳ liefern Deutschland und die Vereinigten Staaten zu gleichen Teilen.

Auch für Kraftfahrzeuge stellt Oesterreich-Ungarn ein gutes Absatzgebiet dar, es bezieht für rd. 10 Mill. ℳ, davon ²/₃ von Deutschland; in den Rest teilen sich Frankreich, Italien und die Schweiz.

Unter den von Oesterreich-Ungarn ausgeführten Maschinen stehen an erster Stelle die landwirtschaftlichen mit 10 Mill. ℳ, davon nimmt Rußland allein die Hälfte auf; die andere Hälfte verteilt sich auf die Balkanstaaten. Ebenso gehen Lokomobilen im Betrage von 1¹/₂ Mill. ℳ nach Rußland und den Balkanstaaten. Die Automobilausfuhr von 4 Mill. ℳ nimmt zur Hälfte Deutschland auf; auf Rußland entfällt etwa ¹/₄, der Rest verteilt sich auf mehrere Länder.

In Rußland ist trotz der unbestreitbaren Zunahme der Leistungsfähigkeit der einheimischen Maschinenindustrie alljährlich noch eine bedeutende Steigerung der Einfuhr von Maschinen festzustellen[1]). Auch wird in absehbarer Zeit kaum eine Abschwächung des Bedarfes zu erwarten sein, da die Entstehung neuer großer Bergwerks-, Hütten- und Transportunternehmungen und der Ausbau der bestehenden Betriebe Anforderungen stellen, welche die russische Maschinenindustrie weder in der Menge noch in der Ausführung befriedigen kann.

Der Gesamtwert der eingeführten Maschinen beträgt etwa 170 Mill. ℳ, wovon rd. 100 Mill. ℳ auf Deutschland, 40 Mill. ℳ auf Großbritannien und etwa 15 Mill. ℳ auf die Vereinigten Staaten entfallen. Die Unterschiede in den statistischen Anschreibungen der russischen Handelsstatistik gegenüber denjenigen der genannten drei Länder (vergl. Abbildungen 10 und 11), weisen darauf hin, daß in dem deutschen Anteil vermutlich englische und amerikanische Erzeugnisse enthalten sein werden, die durch Deutschland durchgeführt an der russischen Grenze als deutsche Waren aufgeführt, von der deutschen Ausfuhrstatistik aber nicht erfaßt werden. Weiterhin sind an der Einfuhr beteiligt Oesterreich-Ungarn, Schweden, Frankreich, Finnland und Dänemark, aber nur mit verhältnismäßig geringen Mengen.

Die Einfuhr setzt sich in der Hauptsache zusammen aus folgenden Gattungen:

Landwirtschaftliche Maschinen für etwa 70 Mill. ℳ, davon für etwa 40 Mill. ℳ einfache[2]) Maschinen, an deren Lieferung Deutschland mit 30 Mill. ℳ, daneben die Vereinigten Staaten, Oesterreich-Ungarn, Großbritannien und Schweden beteiligt sind. Von den komplizierten[2]) landwirtschaftlichen Maschinen entfällt der weitaus größte Teil auf die Vereinigten Staaten.

Maschinen und Apparate verschiedener Art für rd. 36 Mill. ℳ, davon lieferte Deutschland allein ²/₃, Großbritannien etwa ¹/₅.

Nähmaschinen für 16 Mill. ℳ, davon aus Deutschland die Hälfte, während die andere Hälfte fast ausschließlich aus Großbritannien kommt.

Kraftwagen für rd. 10 Mill. ℳ; Deutschland lieferte die Hälfte, Frankreich, Oesterreich-Ungarn und die Vereinigten Staaten für je ungefähr 1 Mill ℳ.

Verbrennungskraftmaschinen für insgesamt 9 Mill. ℳ; Deutschland ist neben Großbritannien und Schweden Hauptlieferer. Am gangbarsten sind Motoren von 200 bis 300 PS. Obwohl sich die russische Maschinenindustrie selbst immer mehr mit deren Herstellung beschäftigt, hat doch die Einfuhr noch ständig zugenommen.

Werkzeugmaschinen für 6 Mill. ℳ, wovon Deutschland allein ⁵/₆ liefert.

Textilmaschinen für 6 Mill. ℳ, davon für 2 Mill. ℳ aus Deutschland, für 3 Mill. ℳ aus Großbritannien.

Dampfmaschinen für 4 Mill. ℳ fast ganz aus Deutschland.

Ferner ist Deutschland führend in Lokomobilen, Druckerei- und Papiermaschinen, Müllereimaschinen, Holzbearbeitungsmaschinen und anderen.

Das Schwergewicht des russischen Maschinenbedarfes liegt einstweilen noch bei den landwirtschaftlichen Maschinen. Die Entwicklung der heimischen russischen Maschinenindustrie, insbesondere auf dem Gebiete der landwirtschaftlichen Maschinen, ist übrigens in letzter Zeit ganz außergewöhnlich gewesen, so daß in gewissen Gattungen bereits Vor-

---

[1]) Vergleiche den Vortrag von Busemann auf der Hauptversammlung des Vereins deutscher Maschinenbau-Anstalten im Jahre 1913, „Drucksache" des V. d. M.-A. 1913, Nr. 4 S. 42 und Nr. 4 b.

[2]) Der russische Zolltarif und demgemäß auch die russische Handelsstatistik unterscheidet „einfache" und „komplizierte" landwirtschaftliche Maschinen.

züglioches geleistet wird. Da sich jedoch die Selbstkosten der russischen Fabriken meist noch sehr hoch stellen, dürfte es der ausländischen Maschinenindustrie trotz des hohen Einfuhrzolles noch auf längere Zeit hinaus nach wie vor möglich sein, mit russischen Erzeugnissen erfolgreich in Wettbewerb zu treten.

Bei normalen Ernten sind die Aussichten für den Absatz landwirtschaftlicher Maschinen also gut; unleugbar steigert sich das Interesse der russischen Bauern für Maschinen von Jahr zu Jahr. Dies dürfte zum großen Teil zurückzuführen sein auf die Tätigkeit der russischen Kommunal-Landschaftsverwaltungen zur Hebung der landwirtschaftlichen Kultur, der „Semstwos". Bei diesen Semstwoverwaltungen bestehen schon seit Jahren Verkaufslager, deren Aufgabe es ist, die Bauernschaft des Bezirkes mit den von ihr benötigten Waren, wie Eisen, Handwerkzeug, landwirtschaftlichen Maschinen und Geräten usw., zu versehen. Die Verkauftätigkeit der Semstwolager hat sich in den letzten Jahren außerordentlich gesteigert. Im Jahre 1911 betrug zB. ihr Umsatz in landwirtschaftlichen Maschinen und Geräten sowie Metallwaren über 12 Mill. Rubel, d. i. ungefähr ²/₃ ihres Gesamtumsatzes. Somit sind die Semstwolager als Kundschaft für die Einfuhr von landwirtschaftlichen Maschinen und Geräten sowie Metallwaren nach Rußland von nicht zu unterschätzender Bedeutung, um so mehr, als im allgemeinen die Geschäfte mit den Lagern der Semstwo als Organen der Kommunalverwaltung als solide und sicher angesehen werden können.

Großbritanniens Maschineneinfuhr beläuft sich auf rd. 130 Mill. ℳ, wovon aus Deutschland etwa 20 vH. kommen. Dieser Einfuhrziffer steht die bedeutende Maschinenausfuhr von rd. 840 Mill. ℳ gegenüber, wovon nur rd. 5 vH. nach Deutschland gehen.

Die gegenüber den Angaben der Handelstatistiken Deutschlands und der Vereinigten Staaten geringeren Ziffern der englischen Handelstatistik über die Einfuhr von Maschinen aus diesen beiden Ländern dürften darauf zurückzuführen sein, daß für einen großen Teil der aus den genannten Ländern ausgeführten Erzeugnisse Großbritannien nur Durchfuhrland ist, ohne daß die Absender davon Kenntnis haben, da ihnen das endgültige Bestimmungsland nicht bekannt ist. Auf diese Weise werden die Waren in der deutschen und amerikanischen Statistik als Ausfuhr nach Großbritannien verzeichnet, während sie von Großbritannien nur als Durchfuhrgüter angesehen und daher nicht in die Einfuhrstatistik aufgenommen werden.

Die Einfuhr setzt sich in der Hauptsache zusammen aus folgenden Gruppen:

Fahrräder und Kraftfahrzeuge für 90 Mill. ℳ.; zur Hälfte aus Frankreich, während Deutschland mit ¹/₅ und Belgien mit ¹/₁₀ beteiligt sind.

Schreibmaschinen für rd. 7 Mill. ℳ.; die Vereinigten Staaten beherrschen den englischen Markt vollständig.

Nähmaschinen für 6 Mill. ℳ.; Deutschlands Anteil von 2 Mill. ℳ wird noch etwas von den Vereinigten Staaten übertroffen.

Textilmaschinen für 4 Mill. ℳ.; davon je ¹/₃ von Deutschland und den Vereinigten Staaten.

Werkzeugmaschinen für 1¹/₂ Mill. ℳ.; davon liefert Deutschland nur einen verschwindend kleinen Bruchteil, die Vereinigten Staaten dagegen ³/₄.

Bergwerksmaschinen für 1¹/₂ Mill. ℳ aus beiden Ländern zu gleichen Teilen.

Andere Maschinen für insgesamt 35 Mill. ℳ, davon lieferten die Vereinigten Staaten die Hälfte und Deutschland etwa ¹/₃.

Obwohl Deutschland den im Verhältnis zu der großen englischen Gesamtausfuhr nur sehr geringen Betrag von etwa 5 vH. aufnimmt, macht sich für die deutsche Maschinenindustrie die Einfuhr englischer Maschinen doch stellenweise sehr fühlbar, denn sie übersteigt den Wert von einem Drittel der Gesamteinfuhr an Maschinen nach Deutschland. Die englische Maschineneinfuhr nach Deutschland beruht, abgesehen von einzelnen Werkzeugmaschinen für die Schiffswerften und von Schiffshülfsmaschinen, hauptsächlich auf dem Vorsprung Großbritanniens in der Herstellung von Baumwollbearbeitungsmaschinen, den einzuholen der deutschen Maschinenindustrie immer noch nicht gelungen ist.

Von der englischen Ausfuhr an Textilmaschinen im Gesamtbetrage von 160 Mill. ℳ nimmt Deutschland etwas über ¹/₁₀ auf. Die Hauptabnehmer von Textilmaschinen sind im übrigen Britisch-Indien und die Vereinigten Staaten, sowie in Europa: Rußland, Belgien und Frankreich.

Des weiteren führt Großbritannien hauptsächlich folgende Maschinen aus:

Fahrräder und Kraftfahrzeuge für rd. 100 Mill. ℳ.; diese bedeutende Ausfuhr wird hauptsächlich von dem britischen Kolonialreiche aufgenommen.

Landwirtschaftliche Maschinen für rd. 50 Mill. ℳ.; davon gehen etwa 60 vH. in die europäischen Länder, 20 vH. nach Südamerika, der Rest verteilt sich auf andere überseeische Staaten;

Lokomotiven für 35 Mill. ℳ.; Hauptabsatzgebiet Südamerika und Britisch-Indien.

Bergwerksmaschinen für 25 Mill. ℳ gehen zur Hälfte nach Britisch-Südafrika.

In der Schweiz besteht eine alte und blühende Maschinenindustrie, die seit langer Zeit keine so starke Beschäftigung aufzuweisen hatte, wie in den letzten Jahren.

Die Maschinenaus- und -einfuhr hat wesentlich zugenommen; die Einfuhrzunahme ist fast ausschließlich auf die deutsche Mehreinfuhr zurückzuführen. Insgesamt belief sich die Maschineneinfuhr im letzten Jahre (1912, der Bericht über 1913 liegt noch nicht vor) auf 50 Mill. ℳ, die Ausfuhr auf 85 Mill. ℳ. Deutschland war an der Einfuhr nach der Schweiz mit 72 vH., Frankreich mit 11,4 vH. beteiligt. Der Rest verteilt sich in geringen Anteilen auf die übrigen Länder.

An der aus den Statistiken der Jahre 1908 bis 1910 sich ergebenden Durchschnittsziffer der Maschineneinfuhr von 31 Mill. ℳ ist Deutschland mit 22 Mill. ℳ oder 70 vH. beteiligt.

Die Einfuhr setzt sich in der Hauptsache zusammen aus folgenden Maschinen:

Kraftwagen und Fahrräder für 5½ Mill. ℳ, zu 50 vH. aus Deutschland und zu 40 vH. aus Frankreich; Großbritannien und die Vereinigten Staaten haben verschwindend kleinen Anteil an diesem Einfuhrzweige.

Textilmaschinen für 4 Mill. ℳ, davon kommen aus Deutschland 70 vH., aus Großbritannien etwa 20 vH.

Werkzeugmaschinen für 3½ Mill. ℳ; zu 80 vH. aus Deutschland.

Landwirtschaftliche Maschinen für 2½ Mill. ℳ; nicht ganz zur Hälfte deutsches Erzeugnis und zu 40 vH. aus den Vereinigten Staaten.

Nähmaschinen für 2½ Mill. ℳ; zu ⅔ aus Deutschland, der Rest fast ganz aus Großbritannien und den Vereinigten Staaten.

Dieser Einfuhr steht eine Gesamtausfuhr an Maschinen gegenüber im Durchschnittwerte (ebenfalls von 1908 bis 1910) von 48 Mill. ℳ, wovon Deutschland ungefähr 9 Mill. oder 20 vH. aufnimmt.

In der Ausfuhr der schweizerischen Maschinenindustrie nehmen eine hervorragende Stelle ein:

Motoren verschiedener Art (Dampf-, Verbrennungs-, Wasser- und Windmotoren) mit 11 Mill. ℳ; diese gehen wie fast alle von der Schweiz ausgeführten Maschinen, nach allen Kulturstaaten, auf Deutschland entfallen nicht ganz 10 vH.

Textilmaschinen mit 9 Mill. ℳ; Deutschland übernimmt davon für 2½ Mill. ℳ, während die übrigen sich auf fast alle europäischen und auch viele überseeischen Länder verteilen.

Kraftwagen und Fahrräder für 5 Mill. ℳ, wovon 20 vH. nach Deutschland gehen.

Müllereimaschinen für ebenfalls 5 Mill. ℳ; diese finden in Deutschland keinen bedeutenden Absatz.

Dampfmaschinen für 3½ Mill. ℳ; davon übernimmt Deutschland 40 vH.

Lokomotiven für 1½ Mill. ℳ, hauptsächlich nach Brasilien, Argentinien und Tunis.

Wenn auch die schweizerische Maschinenindustrie ihre bedeutende Stellung bisher behauptet hat, so empfindet sie doch mehr und mehr den mächtigen deutschen Wettbewerb namentlich auf dem Weltmarkte.

Frankreichs Gesamteinfuhr an Maschinen hat einen Wert von rd. 150 Mill. ℳ, seine Ausfuhr einen solchen von rd. 160 Mill. ℳ.

Die aus der übertriebenen chauvinistischen Stimmung herrührenden Versuche, die Erzeugnisse der deutschen Industrie vom französischen Markte zu verdrängen, dürften dem Absatz deutscher Waren zwar zeitweilig empfindlich schaden und namentlich zu Preisdrückereien benutzt werden, können ihm aber einstweilen, solange die französische Maschinenindustrie nicht große Fortschritte macht, auf die Dauer wesentlichen Abtrag doch wohl nicht tun. Die Erkenntnis, daß die zunehmende Einfuhr deutscher Waren eben eine natürliche Folge ihrer Güte und Billigkeit ist, bricht sich auch in Frankreich immer mehr Bahn.

In Maschinen ist Deutschland der Hauptlieferer Frankreichs; sein Anteil beläuft sich auf rd. 56 Mill. ℳ oder 44 vH. der Gesamteinfuhr an Maschinen.

Frankreichs Maschineneinfuhr setzt sich im wesentlichen zusammen aus:

Dampfmaschinen für rd. 10 Mill. ℳ; daran sind beteiligt: Deutschland mit etwa 3 Mill. ℳ, Großbritannien und Belgien mit je 2 Mill. ℳ, der Rest verteilt sich auf die Schweiz und die Vereinigten Staaten.

Lokomobilen für rd. 2 Mill. ℳ; ¾ davon liefert Deutschland, die anderen Länder haben an diesem Einfuhrgegenstand nur geringen Anteil.

Landwirtschaftliche Maschinen für rd. 35 Mill. ℳ; davon liefern die Vereinigten Staaten die Hälfte, Deutschland, Großbritannien und Kanada sind mit je 1/10 beteiligt.

Werkzeugmaschinen für etwa 22 Mill. ℳ; davon kommen mehr als die Hälfte auf Deutschland, Großbritanniens Anteil beläuft sich auf ungefähr 4½ Mill. ℳ, derjenige der Vereinigten Staaten auf 3 Mill. ℳ.

Textilmaschinen für rd. 16 Mill. ℳ; nahezu die Hälfte kommt aus Großbritannien, ⅓ aus Deutschland, der Rest verteilt sich auf verschiedene Industriestaaten.

Nähmaschinen für rd. 15 Mill. ℳ; die Versorgung ist zu etwa gleichen Teilen von Deutschland und Großbritannien übernommen.

Kraftfahrzeuge für rd. 7 Mill. ℳ; Deutschlands Anteil an diesem Einfuhrgegenstand ist unbedeutend. Großbritannien liefert etwa ⅓, Belgien fast ebensoviel; der Rest verteilt sich auf Italien, die Schweiz und die Vereinigten Staaten.

Frankreichs Maschinenausfuhr, die ja die Einfuhr noch übersteigt, weist demgegenüber in den Hauptmaschinengattungen folgende Beträge auf:

Kraftfahrzeuge sind der Hauptausfuhrgegenstand. Ihr Ausfuhrwert beläuft sich auf rd. 130 Mill. ℳ; davon nehmen auf: Großbritannien für etwa 50 Mill. ℳ, Belgien für etwa 25 Mill. ℳ und Deutschland für etwa 8 Mill. ℳ; der Rest verteilt sich auf eine große Zahl von Ländern, worunter sich viele überseeische befinden. Diese gewaltige Ausfuhrziffer zeigt, wie wertvoll die durch den Sport in Frankreich hervorgerufene Spezialisierung der französischen Kraftwagenindustrie geworden ist, deren Vorrang von keinem ausländischen Wettbewerb geschlagen werden kann.

Aehnliches versucht die französische Industrie planmäßig jetzt auch in der Versorgung des Weltbedarfes an Flugmaschinen zu erreichen, der für die Zukunft nicht unbedeutend sein dürfte. Die ergiebige Reklame, die Frankreichs Flieger im Auslande machen, dürfte Frankreich auch auf diesem Gebiete, das durch den Sport wesentlich gefördert wird, einen erheblichen Vorsprung verschaffen.

Im übrigen sind zu nennen:

Werkzeugmaschinen mit etwa 8 Mill. ℳ; Absatzgebiet hierfür ist in erster Linie Italien.

Landwirtschaftliche Maschinen für ungefähr 7 Mill. ℳ.

Lokomotiven für 3 bis 4 Mill. ℳ.

Textilmaschinen für ungefähr 3 Mill. ℳ.

Dampfmaschinen für rd. 1 Mill. ℳ.

Druckereimaschinen etwas über 1 Mill. ℳ.

Absatzgebiete für die letztgenannten Maschinensorten sind hauptsächlich Belgien, Italien und Spanien.

Belgien ist ein außerordentlich aufnahmefähiges Land, dem leider von seiten der deutschen Industrie nicht immer die gebührende Aufmerksamkeit geschenkt wird. Frankreichs Ausfuhr nach Belgien hat sich zB. im Jahre 1912 um das Doppelte des entsprechenden Betrages der deutschen Ausfuhr vermehrt.

In der Maschineneinfuhr ist allerdings Deutschland Frankreich weit überlegen; 1912 wurden für über 40 Mill. ℳ Maschinen von Deutschland nach Belgien eingeführt, von Frankreich dagegen nur etwas über 7 Mill. ℳ.

Nach den Statistiken früherer Jahre kommt von der Maschineneinfuhr Belgiens im Gesamtbetrage von 66 Mill. ℳ die Hälfte aus Deutschland und etwa 1/5 aus Großbritannien. während der Rest sich auf verschiedene Länder verteilte.

Die erheblichen Unterschiede in der belgischen Einfuhrstatistik gegenüber den Ausfuhrstatistiken der drei Wettbewerbländer dürften darauf zurückzuführen sein, daß gegenüber Deutschland der Begriff „Maschinen" in Belgien umfassender ausgelegt wird, während in den englischen und amerikanischen Statistiken manche Durchfuhrgüter enthalten sein dürften, die nicht nach ihrem Bestimmungsland, sondern nach dem Hafen verzeichnet werden, in welchem sie an einen anderen Spediteur übergehen.

Die Maschinenausfuhr Belgiens weist einen Gesamtwert von nahezu 160 Mill. ℳ auf.

Der größte Anteil entfällt auf Eisenbahn- und Straßenbahnwagen mit mehr als 90 Mill. ℳ; davon nahm Argentinien allein 50 vH. auf, die andere Hälfte verteilt sich auf Brasilien, China, Aegypten, den Kongostaat, den Balkan und Italien.

Maschinen verschiedener Art wurden im Werte von 50 Mill. ℳ ausgeführt und gingen größtenteils nach Argentinien, Brasilien und dem Kongostaat.

Da die belgische Handelsstatistik außerordentlich wenig gegliedert ist, so gibt sie über Einzelheiten nur geringen Aufschluß. Dazu kommt, daß Belgien in hohem Maße Durchfuhrland ist und die Statistik anscheinend diesen Umstand nicht genügend berücksichtigt.

Für die deutschen Maschinen in Belgien macht sich der englische Wettbewerb am gefährlichsten bemerkbar.

Den bedeutenden Markt Belgiens in Textilmaschinen beherrscht Großbritannien noch fast ausschließlich. In erster Linie mag als Grund hierfür die alte Gewohnheit, in Großbritannien zu kaufen, anzusehen sein, weil nach jahrelanger Ueberlieferung eben dieses Land allein die für die Textilindustrie nötigen Maschinen herzustellen imstande sein soll. In den Maschinen für die Baumwollverarbeitung ist dieses Vorurteil bis heute noch nicht zu beseitigen gewesen, dagegen sind in anderen Textilmaschinen wohl bereits Erfolge der deutschen Maschinenindustrie zu verzeichnen.

Wo deutsche Maschinen eingeführt und in Gebrauch sind, werden sie wegen ihrer guten und genauen Ausführung und ihres vorzüglichen Arbeitens allgemein gelobt. Aber gerade die Verbesserungen, welche die deutschen Maschinen vielfach gegenüber den englischen aufweisen, sind wieder ihrem größeren Absatz hinderlich. Die Maschinen stellen sich teurer als die in Großbritannien oder Amerika in Massen hergestellten sogenannten Serienmaschinen, die Arbeiter müssen sich erst an ihre Bedienung gewöhnen, bei vorkommenden Beschädigungen müssen die Ersatzteile aus Deutschland beschafft werden, was immer eine gewisse Zeit dauert, während englische Fabriken bei ihrem großen Absatz meistens Lager mit allen erforderlichen Ersatzteilen am Platze haben, so daß längere Betriebstörungen ausgeschlossen sind. Trotzdem sind da, wo die deutschen Maschinen einmal Eingang gefunden haben, auch fast durchweg wieder Nachbestellungen erfolgt, und es ist zu hoffen, daß die deutsche Textilmaschinenindustrie, wenngleich in nur langsamen Fortschreiten, sich auch am belgischen Markt ein immer größeres Absatzgebiet erobert.

Die Maschineneinfuhr nach den Niederlanden beläuft sich auf rd. 50 Mill. ℳ. Deutschland ist daran mit mehr als der Hälfte beteiligt, auf Großbritannien entfällt 1/4, und ein kleiner Bruchteil auf die Vereinigten Staaten.

In bezug auf die Verschiedenheit der Ein- und Ausfuhrstatistiken wiederholen sich hier die Verhältnisse wie in Belgien; es dürften auch die gleichen Gründe dafür maßgebend sein.

Als Nachbarland ist Deutschland auch an der Ausfuhr der niederländischen Maschinenindustrie am stärksten beteiligt und nimmt die Hälfte der Maschinenausfuhr auf, die allerdings insgesamt nur einen Wert von 25 Mill. ℳ darstellt.

In der Hauptsache werden von Deutschland nach den Niederlanden geliefert: landwirtschaftliche Maschinen, Werkzeugmaschinen sowie Maschinen für die Zucker- und Papierherstellung.

Italien zeigt einen unverkennbaren Aufschwung seiner Eisenindustrie. Seit 1909 hat die Erzeugung an Roheisen und Fertigfabrikaten ganz erheblich zugenommen; wenn daher auch im Vergleich zu dem Gesamtbedarf an Maschinen der Anteil der Einfuhr an der Versorgung des Landes zurückgehen wird, so wird doch diese Maschineneinfuhr an sich noch eine bedeutende Rolle spielen und die deutsche Maschinenindustrie wird auch fernerhin Italien als ein gutes Absatzgebiet betrachten dürfen.

Eine Folge des erwähnten Aufschwunges ist zB. eine vermehrte Nachfrage in den benötigten Hülfs- und Werkzeugmaschinen, die Italien selbst noch nicht in der Vollendung bauen kann wie Deutschland oder Amerika, wiewohl das Bestreben, hierin vom Auslande unabhängig zu werden, deutlich erkennbar ist.

Für den Absatz landwirtschaftlicher Maschinen kommt hauptsächlich Süditalien in Frage; besondere Aussichten haben u. a. Pressen aller Art für Oel- und Traubenkultur.

Für die notwendige künstliche Bewässerung der Felder böte sich an Stelle der jetzt gebräuchlichen und mühevollen Art eine lohnende Absatzmöglichkeit durch die Einführung von Windmotoren.

Gerade in Süditalien sind die Aussichten für den Maschinenabsatz günstig. Einerseits ist durch die aus Amerika Zurückgewanderten Geld ins Land gekommen, anderseits sind durch die Auswanderung die Arbeitslöhne beträchtlich in die Höhe gegangen. Allerdings hat die deutsche Industrie hier mit einem sehr scharfen amerikanischen Wettbewerb zu rechnen.

Ganz bedeutende Fortschritte hat in den letzten Jahren die italienische Kraftfahrzeugindustrie gemacht. Neben dem Absatz im eigenen Lande hat die Ausfuhr von Kraftwagen ständig zugenommen. Daß trotzdem auch die Einfuhrziffern immer noch gestiegen sind, beweist die Aufnahmefähigkeit des Marktes. Besonders in Kraftfahrrädern ist Italien noch auf eine erhebliche Einfuhr aus dem Auslande angewiesen; neben Deutschland bilden hauptsächlich Großbritannien, dann auch die Schweiz und Oesterreich-Ungarn die Bezugsquellen. Deutschland lieferte zB. im Jahre 1912 mehr als das Doppelte an Kraftfahrzeugen als im Jahre 1911, nämlich für über $2^1/_2$ Mill. ℳ.

Auch die Einfuhr wissenschaftlicher Instrumente aus Deutschland hat sich wesentlich gesteigert.

Aus den abgeschlossenen Ein- und Ausfuhrstatistiken der Jahre 1908 bis 1910 sind folgende Durchschnittzahlenwerte entnommen:

Wert der Gesamtmaschineneinfuhr nach Italien 140 Mill. ℳ, Deutschlands Anteil 57 Mill. ℳ, Großbritannien $43^1/_2$ Mill. ℳ, Vereinigte Staaten 8 Mill. ℳ.

Die hauptsächlich eingeführten Maschinen sind:

Textilmaschinen für 30 Mill. ℳ; Anteil Deutschlands $7^1/_2$ Mill. ℳ, Großbritanniens 17 Mill. ℳ, Schweiz $2^1/_2$ Mill. ℳ.

Landwirtschaftliche Maschinen 17 Mill. ℳ; davon kommen $5^1/_2$ Mill. ℳ auf Deutschland und ebensoviel auf die Vereinigten Staaten, auf Großbritannien $2^1/_2$ Mill. ℳ, Oesterreich-Ungarn $1^1/_2$ Mill. ℳ, Frankreich 1 Mill. ℳ.

Lokomotiven $11^1/_2$ Mill. ℳ; davon kommen 10 Mill. ℳ auf Deutschland.

Kraftwagen und Fahrräder für 11 Mill. ℳ; Deutschland stark $^1/_3$, Großbritannien und Frankreich etwas weniger.

Eisenbahnwagen für 10 Mill. ℳ; Deutschland annähernd die Hälfte, Rußland und Belgien je 20 vH.

Nähmaschinen 9 Mill. ℳ, wovon die Hälfte deutsches Erzeugnis, $^1/_3$ aus Großbritannien.

Werkzeugmaschinen für 7 Mill. ℳ aus Deutschland, für 1 Mill. ℳ aus Großbritannien.

Dampf- und Gasmaschinen, Wasser- und Windmotoren für $6^1/_2$ Mill. ℳ; aus Deutschland für $2^1/_2$ Mill. ℳ, Vereinigte Staaten, Frankreich und Schweiz für je etwa $^1/_2$ Mill. ℳ.

Sonstige Maschinen im Gesamtbetrage von 12 Mill. ℳ davon aus Deutschland mehr als $^2/_3$.

Leider geben Klagen aus industriellen Kreisen über schlechte Erfahrungen mit der italienischen Geschäftwelt immer wieder Anlaß, bei Lieferungen nach Italien dringend zur Vorsicht zu mahnen. Dieser Umstand kann begreiflicherweise der Förderung der Geschäftbeziehungen zu Italien nicht dienlich sein.

Dieser Einfuhr steht eine Gesamtmaschinenausfuhr gegenüber im Werte von etwa 30 Mill. ℳ, wovon nur ein ganz geringer Bruchteil auf Deutschland entfällt.

An Italiens Hauptausfuhrzweig, Kraftwagen und Fahrräder, im Gesamtwert von 20 Mill. ℳ ist Deutschland mit nicht ganz 1 Mill. ℳ beteiligt. Großbritannien mit 5 Mill. ℳ, die Vereinigten Staaten mit 2 Mill. ℳ, ebenso Argentinien, Frankreich mit $2^1/_2$ Mill. ℳ, Oesterreich-Ungarn mit 1 Mill. ℳ; der Rest verteilt sich auf europäische und überseeische Länder.

Dampfmaschinen und Motoren aller Art werden ausgeführt für etwa $1^1/_2$ Mill. ℳ, hauptsächlich nach Argentinien und Aegypten.

. Von den landwirtschaftlichen Maschinen im Gesamtbetrag von $^1/_2$ Mill. ℳ nimmt Argentinien den Hauptteil auf.

An Spaniens Maschineneinfuhr von rd. 70 Mill. ℳ ist Deutschland mit 25 vH. beteiligt, Großbritannien mit 50 vH.

Der Umstand, daß die Ausfuhrziffern der drei Wettbewerbstaaten sämtlich kleiner sind, als diejenigen der spanischen Einfuhrstatistik, ist darauf zurückzuführen, daß die spanische Statistik den Begriff „Maschine“ weiter faßt.

Die hauptsächlichsten Maschinen der Einfuhr sind:

Landwirtschaftliche Maschinen für 8,5 Mill. ℳ; annähernd zur Hälfte aus den Vereinigten Staaten, zu 30 vH. aus Großbritannien, zu 20 vH. aus Deutschland.

Lokomotiven für 6 Mill. ℳ; davon $^3/_4$ aus Deutschland.

Kraftfahrzeuge und Fahrräder für 5 Mill. ℳ; Frankreich lieferte 75 vH.; Deutschland und Großbritannien je 10 vH.

Textilmaschinen für 4,5 Mill. ℳ; davon mehr als die Hälfte aus Großbritannien und etwa 15 vH. aus Deutschland.

Nähmaschinen für 3,5 Mill. ℳ; zu $^3/_4$ aus Großbritannien.

Werkzeugmaschinen für 2,5 Mill. ℳ und zwar nahezu die Hälfte aus Deutschland.

Schreibmaschinen für 1,1 Mill. ℳ; davon deckten die Vereinigten Staaten nahezu $^1/_4$, Deutschland und Großbritannien waren nur je mit 15 vH. beteiligt.

Sonstige Maschinen für 13 Mill. ℳ; hiervon lieferte Deutschland die Hälfte, Frankreich $^1/_4$.

Unter den eingeführten Krafterzeugern treten hauptsächlich hervor die Wasserkraftmaschinen. Zur Ausnutzung der Wasserkräfte von Flußläufen und Wasserfällen sind zahlreiche Turbinenanlagen errichtet, wobei sowohl die Turbinen als auch die elektrischen Einrichtungen vielfach von Deutschland bezogen sind; nach einer spanischen Statistik, die sich über mehrere Jahre erstreckt, betrug der Anteil Deutschlands an der Turbineneinfuhr bis zu $^2/_3$ des Gesamtbetrages.

Besonders stark steigerte sich in den letzten Jahren auch Spaniens Einfuhr an elektrischen Maschinen, Kabeln, Lampen usw., die größtenteils aus Deutschland kommen. Die zum Teil sehr bedeutenden Elektrizitätswerke geben ihre Kraft hauptsächlich zum Betrieb der Tuch-, Garn- und Papierfabriken ab. Elektrische Beleuchtung haben außer den Städten auch die meisten Ortschaften in der Umgebung von Elektrizitätswerken, so daß große Mengen Glühlampen gebraucht werden, wobei man den deutschen Erzeugnissen gern den Vorzug gibt.

Die Tuch- und Garnfabriken sind meistens mit englischen oder schweizerischen und nur vereinzelt mit deutschen Maschinen ausgerüstet.

In der Provinz Gerona ist besonders die Korkindustrie zu Hause. Im Jahre 1911 wurden für 25 Mill. ℳ Korkstopfen, Scheiben und Würfel ausgeführt. Diese Erzeugnisse werden in den kleineren Ortschaften vielfach noch mit der Hand hergestellt; bei der Korkverarbeitung sind gute Messer ein Haupterfordernis, die bis jetzt fast ausschließlich von Frankreich geliefert werden. Die einschlägige deutsche Industrie könnte sich hier ein ohne Zweifel lohnendes Absatzgebiet schaffen. Die größeren Betriebe der Korkindustrie arbeiten mit den modernsten Maschinen, die meist in Spanien selbst hergestellt sind, aber auch aus Deutschland und Großbritannien bezogen werden.

Für den Abbau von Spaniens reichen Eisenerz- oder Zinnlagern, für den Betrieb von Bleiminen usw.

bilden sich immer wieder neue Gesellschaften, die als Abnehmer der einschlägigen Bergwerksmaschinen, Förderbahnen, Drahtseilbahnen usw. für die Einfuhr in Frage kommen. Die Kupfererze werden bis zu einem gewissen Grad im Lande verhüttet, die Betriebseinrichtungen der Hütten werden zum großen Teil aus dem Auslande bezogen.

In der letzten Zeit ist der Bau mehrerer neuer Eisenbahnlinien beschlossen worden, deren Ausführung in Spanien der Privatunternehmung überlassen ist, während der Staat die Unternehmer finanziell unterstützt. Dafür werden diese aber verpflichtet, in erster Linie spanisches Material zu verwenden; nur wenn die heimische Industrie versagt, soll das Ausland zu den Lieferungen herangezogen werden. Daher stehen der Lieferung von Eisenbahnmaterial nach Spanien einige Schwierigkeiten im Wege.

Neuerdings zeigt sich diese Bevorzugung heimischer Erzeugnisse auch bei städtischen Hafenanlagen, wobei für die Maschinenindustrie Kran- und Verladeanlagen in Frage kommen.

Portugal führte für rd. 15 Mill. ℳ Maschinen ein, wovon $^1/_3$ von Großbritannien und nahezu ebensoviel von Deutschland bezogen wird, während auf die Vereinigten Staaten nur ein unbedeutender Anteil entfällt.

Schwedens Einfuhr an Maschinen beläuft sich auf rd. 22 Mill. ℳ; Deutschland liefert davon die Hälfte, Großbritannien etwa $^1/_5$, die Vereinigten Staaten noch etwas weniger.

Die Unterschiede der Ein- und Ausfuhrstatistik weisen, insbesondere gegenüber den Ziffern für die Einfuhr der Vereinigten Staaten, darauf hin, daß vermutlich manche Erzeugnisse der Vereinigten Staaten bei der Ausfuhr als Erzeugnisse irgendeines Durchfuhrstaates, zB. Großbritannien, Deutschland, Dänemark, Norwegen, eingereiht werden.

Die hauptsächlich eingeführten Maschinen sind:

Textilmaschinen für nahezu 3 Mill. ℳ; 50 vH. aus Großbritannien, 40 vH. aus Deutschland.

Kraftfahrzeuge für rd 2½ Mill. ℳ; nahezu zur Hälfte aus Deutschland, $^1/_3$ aus Frankreich, der Rest aus Belgien und den Vereinigten Staaten.

Landwirtschaftliche Maschinen für 2 Mill. ℳ; 50 vH. aus den Vereinigten Staaten, 25 vH. aus Deutschland.

Nähmaschinen für 2 Mill. ℳ; je rd. 35 vH. aus Großbritannien und den Vereinigten Staaten, 25 vH. aus Deutschland.

Maschinen für die Zuckerfabrikation für 1½ Mill. ℳ; fast ausschließlich aus Deutschland.

Maschinen für die Papierherstellung für 1 Mill. ℳ; zu 60 vH. deutsches Erzeugnis, 20 vH. aus Großbritannien.

Die schwedische Maschinenindustrie hat mehr und mehr die Deckung des Bedarfes an Maschinen für die ausgedehnten Papierfabriken und Holzschleifereien selbst übernommen und führt diese Erzeugnisse neuerdings auch aus, besonders nach den nordischen Nachbarländern, aber auch nach Südamerika.

Schwedens Maschinenausfuhr hat bereits einen Gesamtwert von rd. 27 Mill. ℳ

Landwirtschaftliche Maschinen sind der Hauptzweig dieser Ausfuhr und zwar handelt es sich fast ausschließlich um Sondermaschinen für die Milchwirtschaft. Für etwa 18 Mill. ℳ solcher Maschinen werden nach allen Kulturstaaten der Welt, in der Hauptzahl aber nach den europäischen Ländern versandt; Deutschland nimmt für etwa 3 Mill. ℳ davon auf.

An sonstigen Maschinen führt Schweden aus:

Motoren verschiedener Art für 4½ Mill. ℳ, davon gehen nach Deutschland nicht einmal 10 vH., sie finden meist Absatz in nördlichen Ländern: Norwegen, Dänemark, Rußland, Finnland.

Werkzeugmaschinen für Metall- und Holzbearbeitung für 1½ Mill. ℳ; diese gehen ebenfalls größtenteils nach den gleichen Ländern.

Textilmaschinen für nicht ganz 1 Mill. ℳ nimmt zu 50 vH. Großbritannien auf, den Rest Belgien, Frankreich und Deutschland.

Norwegens Maschineneinfuhr ist mit rd. 40 Millionen ℳ beinahe doppelt so groß wie diejenige Schwedens, weil die norwegische Maschinenindustrie erst im Entstehen ist. Deutschland und Großbritannien sind an der Einfuhr mit je ungefähr $^1/_3$ beteiligt; in dem Rest überwiegen Schweden und Dänemark.

Von Deutschland werden nach Norwegen hauptsächlich eingeführt Maschinen für die Holzstoff- und Papierherstellung, Werkzeugmaschinen für Metall- und Holzbearbeitung, Textilmaschinen und Wasserkraftmaschinen.

Dänemarks Industrie hat sich in den letzten Jahrzehnten im Vergleich zu seiner Landwirtschaft in einem sehr schnellen Tempo entwickelt. Besonders in den letzten Jahren zeigt auch die Metallindustrie eine ansehnliche Zunahme.

Eine vor einigen Jahren veröffentlichte Statistik zeigt den ausgedehnten Gebrauch von landwirtschaftlichen Maschinen aller Art in Dänemark, von Dreschmaschinen mit Antrieb durch Dampf, Elektrizität oder Benzin- bezw. Petroleummotoren, Sämaschinen, Drillmaschinen, Mähmaschinen. Abgesehen von letzteren kommt der größere Teil dieser Maschinen aus Deutschland. Durch Urbarmachung ausgedehnter Moor- und Heidestriche in Jütland ist dort Bedarf in allen landwirtschaftlichen Maschinen eingetreten, so daß mit einem nicht unbedeutenden Absatz aller einschlägigen Maschinen, besonders auch kleiner und mittlerer Verbrennungskraftmaschinen, zu rechnen ist.

Maschinen für die Zuckerindustrie und Werkzeugmaschinen waren in letzter Zeit ebenfalls ein Hauptgegenstand der deutschen Ausfuhr nach Dänemark.

Wie sich die Absatzverhältnisse nach den Balkanstaaten entwickeln werden, wenn dort endgültig Ruhe und Ordnung wieder eingekehrt ist, muß die Zukunft lehren. Jedenfalls wird die deutsche Maschinenindustrie gut daran tun, nichts zu versäumen, um neue Geschäftsbeziehungen anzuknüpfen und alte wieder aufzunehmen, denn es steht außer Zweifel, daß diese östlichen Länder bei einer ruhigen stetigen Entwicklung in den kommenden Jahren Kundschaft für den deutschen Maschinenhandel werden können. Leider wird in gewissen Kreisen der deutschen Industrie noch immer nicht ernstlich mit dem Markte der Balkanstaaten gerechnet, es besteht daher die große Gefahr, daß die österreichisch-ungarische Industrie, die sich alle Mühe gibt, immer mehr die Vorherrschaft an sich reißt. Vor allem kommt die wettbewerbende österreichisch-ungarische Industrie in den Zahlungsbedingungen sehr entgegen und weiß sich dadurch häufig einen erheblichen Vorsprung zu sichern.

Rumäniens Gesamteinfuhr an Maschinen beträgt rd. 30 Mill. ℳ; Deutschland ist daran mit 25 vH., Großbritannien mit 10 vH. und Oesterreich-Ungarn mit etwa 20 vH. beteiligt.

In der Hauptsache werden folgende Maschinen eingeführt:

Landwirtschaftliche Maschinen, der Haupteinfuhrgegenstand Rumäniens, für 6$^1/_2$ Mill. ℳ, wovon Deutschland und Oesterreich-Ungarn ungefähr den gleichen Betrag von je 30 vH. liefern.

Eisenbahnwagen für 5$^1/_2$ Mill. ℳ; zur Hälfte aus Belgien und je $^1/_5$ aus Deutschland und Oesterreich-Ungarn.

Lokomotiven für 2$^1/_2$ Mill. ℳ; zu gleichen Teilen aus Deutschland, Großbritannien und den Vereinigten Staaten.

Kraftfahrzeuge und Fahrräder für 2$^1/_2$ Mill. ℳ; zu je rund $^1/_4$ aus Deutschland, Frankreich und Italien.

Kraftmaschinen für 2$^1/_2$ Mill. ℳ, davon 30 vH. aus Deutschland, je 25 vH. aus Großbritannien und Oesterreich-Ungarn.

Dampfmaschinen für 2$^1/_2$ Mill. ℳ; zu $^3/_4$ aus Deutschland, nahezu $^1/_4$ aus Oesterreich-Ungarn.

Nähmaschinen für 1$^1/_2$ Mill. ℳ; $^3/_4$ aus Deutschland, der Rest aus Großbritannien und den Vereinigten Staaten.

Werkzeugmaschinen für 1 Mill. ℳ; zu $^2/_3$ aus Deutschland, 20 vH. aus Oesterreich-Ungarn.

Textilmaschinen für 1 Mill. ℳ zur Hälfte aus Deutschland, kleinere Beträge aus Großbritannien und Oesterreich-Ungarn.

Bei einigen Sondermaschinen für die Landwirtschaft sind die Vereinigten Staaten mit rd. 20 vH. und Großbritannien mit 10 vH. an der Einfuhr beteiligt, so bei Getreidemähern und Getreidebindern, Strohpressen und Dampfpflügen. Bei den anderen Arten der landwirtschaftlichen Maschinen: Pflügen, Eggen, Säemaschinen, Windreutern usw. besteht eine Wechselwirkung zwischen Deutschland und Oesterreich-Ungarn derart, daß ein Fortschritt des einen stets auf Kosten des anderen geht. Die österreichischen Firmen gehen vielfach dadurch als Sieger aus dem Wettbewerbe hervor, daß sie ihren Abnehmern mehr entgegenkommen, sowohl durch Erleichterung der Zahlungsbedingungen als auch durch Ausführung der Maschinen nach den besonderen Bedürfnissen der Besteller.

In Bulgarien war vor dem Kriege im Jahre 1911 das Maschinengeschäft günstig. Besonders die deutsche Maschinenindustrie eroberte sich ein weites Feld und wußte durch ihre guten Erzeugnisse sich eine bevorzugte und führende Stellung zu verschaffen.

Von Deutschland wurden Maschinen verschiedenster Art eingeführt und vor allem ganze Industrieanlagen fertiggestellt.

Nach einer Statistik des Jahres 1910 betrug die Gesamteinfuhr an Maschinen etwa 15 Mill ℳ, die sich im einzelnen wie folgt verteilen.

Eisenbahn- und Straßenbahnwagen für 2$^1/_2$ Mill. ℳ; davon aus Deutschland für 1,7 Mill. ℳ.

Lokomotiven und Lokomobilen für 2 Mill. ℳ, wovon Deutschland mehr als die Hälfte lieferte.

Landwirtschaftliche Maschinen für 2 Mill. ℳ, wovon nur 15 vH. auf Deutschland entfielen. Den Hauptanteil mit etwa 40 vH. hatte Oesterreich-Ungarn; Großbritannien und die Vereinigten Staaten deckten je 20 vH.

Näh- und Strickmaschinen für 1 Mill. ℳ, davon aus Deutschland die Hälfte und aus Großbritannien weitere 40 vH.

Sonstige Maschinen (wegen der geringen Unterteilung der Handelsstatistik ist diese Sammelposition ziemlich umfangreich) für 5$^1/_2$ Mill. ℳ; davon kommen auf die deutsche Industrie 3 Mill. ℳ, also etwas mehr als die Hälfte, auf Oesterreich-Ungarn 1 Mill. ℳ und auf Großbritannien 0,7 Mill. ℳ.

Nach Serbien wurden im Jahre 1911 für etwa 10 Mill. ℳ Maschinen, Apparate, Fahrzeuge usw. eingeführt (im Jahre 1910 nur für 5 Mill. ℳ), wovon ein sehr bedeutender Anteil auf Deutschland entfällt.

Die Einfuhr in Dampfkesseln, Dampfmaschinen, Lokomobilen, Turbinen für Mühlen- und Sägewerke, Druckereimaschinen wird sich in Zukunft noch erweitern lassen. In der Elektrotechnik entfiel auf Deutschland über die Hälfte der eingeführten Waren und es dürfte nicht schwer fallen, diesen bevorzugten Platz zu behaupten.

Die Einfuhr von Fahrzeugen aller Art hat sich im Jahre 1911 auf die ansehnliche Summe von rd. 3 Mill. ℳ erhöht, wovon nahezu die Hälfte auf Lieferung von Eisenbahnwagen der verschiedensten Art auf Deutschland entfiel. Die serbische Staatsbahn vergab größere Lieferungen nicht nur von Wagen, sondern auch von Lokomotiven nach Deutschland und bei dem weiteren Ausbau des serbischen Bahnnetzes dürfte sich auch in den nächsten Jahren Absatzgelegenheit für die deutschen Erzeugnisse bieten.

In der Lieferung von Kraftwagen und Fahrrädern nach Serbien steht die deutsche Industrie ebenfalls an erster Stelle.

In landwirtschaftlichen Maschinen ist der deutsche Einfuhranteil zwar in ständigem Steigen begriffen, tritt aber gegenüber den Ziffern von Oesterreich-Ungarn und Großbritannien noch sehr in den Hintergrund. Die österreichisch-ungarische Industrie unterhält ständige reichhaltige Lager in Belgrad, wo stets alle in Betracht kommenden landwirtschaftlichen Maschinen und Geräte besichtigt werden können. Dieser Vorteil sichert natürlich der österreichisch-ungarischen Industrie einen Vorsprung vor der deutschen, die eine derartige Einrichtung einstweilen noch nicht getroffen hat.

Der Bedarf von Benzin- und Naphthamotoren für landwirtschaftliche Zwecke, besonders für Mühlenbetriebe, wächst ständig. Im Bezuge derselben zeigt sich bis jetzt keine besondere Bevorzugung irgendeines Landes, daher ist für die deutsche Motorenindustrie durchaus die Möglichkeit vorhanden, sich hierin den Hauptabsatz zu sichern.

Auch aus Serbien hört man Klagen über zu geringes Entgegenkommen der deutschen Firmen in den Zahlungsbedingungen.

Griechenland wird nach der endgültigen Regelung der Verhältnisse in erhöhtem Maße ein Absatzgebiet für die ausländische Industrie sein. Während des Kriegszustandes ist von manchen Firmen, die nach Griechenland ausführten, mit übertriebener und unberechtigter Schroffheit beim Einzug von außenstehenden Forderungen vorgegangen und bei neuen Lieferungen sind vielfach Vorausbezahlungen verlangt worden, so daß alte, bewährte Kunden, durch solche Behandlung abgestoßen, sich nach anderen Bezugsquellen umgesehen haben.

An der Maschineneinfuhr nach Griechenland, die einen Gesamtwert von 2 Mill. ℳ erreichte, waren Deutschland und Großbritannien mit je ungefähr 0,7 Mill. ℳ beteiligt, während auf die Vereinigten Staaten kaum 0,1 Mill. ℳ entfielen.

Beachtenswert ist, daß die griechische Einfuhrstatistik so erheblich geringere Werte aufweist als die Ausfuhrstatistiken der Wettbewerbländer.

Von eingeführten Maschinen sind zu erwähnen landwirtschaftliche und gewerbliche Maschinen im Gesamtwerte von etwa 0,6 Mill. ℳ; davon entfallen auf Deutschland und Großbritannien je ungefähr 40 vH., während der Rest im wesentlichen von Oesterreich-Ungarn und den Vereinigten Staaten geliefert wurde.

Antriebmaschinen und Maschinenteile erreichen ebenfalls etwa 0,6 Mill. ℳ; Deutschland ist mit $^1/_4$ Mill. ℳ; Großbritannien mit nicht ganz $^1/_5$ Mill. ℳ und Oesterreich-Ungarn mit 100 000 ℳ beteiligt.

Von den für 0,4 Mill. ℳ eingeführten Nähmaschinen lieferte Deutschland etwa 30 vH., Großbritannien dagegen 60 vH., der Rest kommt aus Oesterreich-Ungarn und einigen anderen Ländern.

Bei der Türkei kommt einstweilen hauptsächlich der Bezug von landwirtschaftlichen Maschinen in Frage; dabei sind sowohl an der Küste, wie auch neuerdings im Binnenlande viele Dampfpflüge und Dreschmaschinen in Gebrauch, allerdings meist englische oder amerikanische Erzeugnisse.

Durch ein neues türkisches Gesetz haben die Regierungen der Wilajets (Provinzen) erhöhte Selbständigkeit erhalten und damit u. a. die Befugnis zur Vergebung gewisser Konzessionen, zB. Straßenbahn-, Automobil- und Omnibuslinien, Wasserleitungen, Beleuchtung in Städten, Flußregulierungen, Bewässerungsanlagen usw. Diese Neuordnung dürfte für die deutschen Finanz- und Industriekreise von Bedeutung sein und sie veranlassen, tüchtige Vertreter zur Beobachtung und Berichterstattung zu bestellen, um beim Auftauchen neuer Pläne sofort erfolgreich in Wettbewerb zu treten und der deutschen Industrie, nicht zum wenigsten der Maschinenindustrie, lohnende Arbeit zuzuführen.

Amerika.

Deutschlands Einfuhr nach den Vereinigten Staaten ist trotz aller Erschwerungen durch Zollgesetzgebungen und Zollverwaltungsmaßregeln und trotz vorübergehender Rückschläge beinahe stetig gestiegen. Deutschland nimmt nach der amerikanischen Handelsstatistik in der Einfuhr die zweite Stelle ein; an erster Stelle steht Großbritannien.

Die deutsche Gesamtausfuhr nach den Vereinigten Staaten setzt sich ganz überwiegend aus Erzeugnissen der deutschen Industrie und des deutschen Kunstgewerbes zusammen.

Die Einfuhrstatistik der Vereinigten Staaten weist erheblich geringere Werte auf als die großbritannische, aber auch als die deutsche Ausfuhrstatistik.

Die Maschineneinfuhr der Vereinigten Staaten beträgt rd. 60 Mill. ℳ, wovon etwas über $^1/_4$ auf Deutschland und etwa $^1/_3$ auf Großbritannien entfällt. Im einzelnen setzt sich die Einfuhr zusammen aus:

Kraftfahrzeugen für 16 Mill. ℳ; die Hälfte davon aus Frankreich, je $^1/_6$ aus Deutschland und Italien.

Stickmaschinen für 5 Mill. ℳ; davon für 3 Mill. ℳ aus Großbritannien, für etwas über 1 Mill. ℳ aus Deutschland.

Andere Maschinen, meist Sondermaschinen, für 35 Mill. ℳ; zur Hälfte aus Großbritannien, und die andere Hälfte fast ganz aus Deutschland.

Die Vereinigten Staaten sind neben Großbritannien der schärfste Wettbewerber Deutschlands in bezug auf Maschinen, daher ist es von besonderem Werte, die Maschinenausfuhr, die einen Wert von rd. 360 Mill. ℳ erreicht, näher zu betrachten; Deutschland nimmt davon 24 Mill. ℳ auf, in der Hauptsache Werkzeugmaschinen, Nähmaschinen und Schreibmaschinen.

Hauptsächlich werden von den Vereinigten Staaten ausgeführt:

Landwirtschaftliche Maschinen für 120 Mill. ℳ; davon für 6 Mill. ℳ oder 5 vH. nach Deutschland, nach Frankreich 10 vH., nach Kanada 15 vH., nach Rußland 17 vH., nach Argentinien 25 vH.

Kraftfahrzeuge und Fahrräder für 65 Mill. ℳ; diese finden in Europa verhältnismäßig wenig Absatz (Deutschland 1,5 vH., Großbritannien 12 vH.), sind dagegen besonders in Südamerika, Kanada, Ostasien usw. verbreitet.

Nähmaschinen für 32 Mill. ℳ; davon 12 vH. nach Deutschland, 25 vH. nach Großbritannien.

Schreibmaschinen für 30 Mill. ℳ; davon 12 vH. nach Deutschland, 30 vH. nach Großbritannien.

Werkzeugmaschinen für 30 Mill. ℳ; davon 30 vH. als Hauptanteil nach Deutschland, 20 vH. nach Großbritannien.

Lokomotiven für 11 Mill. ℳ; hauptsächlich nach Südamerika, Kanada, Mexiko, Kuba und China.

Kanada. Der heutige Wert der deutschen Einfuhr nach Kanada könnte darauf schließen lassen, daß es sich für die Industrie kaum lohnen dürfte, sich ernstlich um dieses Absatzgebiet zu bemühen, denn der Wert der von Deutschland dort abgesetzten Maschinen beträgt noch nicht einmal 1 Mill. ℳ. Die Gesamtziffer der Maschineneinfuhr nach Kanada mit rd. 72 Mill. ℳ gibt jedoch ein ganz anderes Bild.

Dieses Land hat über 8 Mill. kaufkräftige Einwohner, darunter einen reichen Farmerstand. Es dürfte sich also wohl für die deutsche Maschinenindustrie lohnen, sich eingehender mit dem kanadischen Markt zu beschäftigen. Die Ausfuhrziffern der Vereinigten Staaten lassen freilich erkennen, daß es nicht leicht sein wird, gegen diesen bis jetzt in allen Zweigen fast einzigen Lieferer aufzukommen.

Als Einfuhrmaschinen sind zu nennen:

Landwirtschaftliche Maschinen für 10 Mill. ℳ;
Dampfmaschinen und Lokomobilen für 9 Mill. ℳ;
Kraftfahrzeuge für rd. 8 Mill. ℳ.

Gasolinmotoren für 4 Mill. ℳ.
Druckereimaschinen für 3½ Mill. ℳ.
Schreibmaschinen für rd. 3 Mill. ℳ.
Nähmaschinen für 2 Mill. ℳ.
Lokomotiven im Werte von rd. 1½ Mill. ℳ.

Alle Maschinen kommen zu ungefähr 90 vH. aus den Vereinigten Staaten. An der Lieferung von Kraftwagen hat Frankreich und an den Nähmaschinen Deutschland einen verschwindend kleinen Anteil, der Rest fällt meistens auf Großbritannien.

Die Ausfuhr der kanadischen Maschinenindustrie beläuft sich im ganzen auf 5½ Mill. ℳ. Deutschland nimmt davon nur etwa 4 vH. auf und zwar fast ausschließlich Mähmaschinen, die Kanada im Werte von etwas über ½ Mill. ℳ ausführt.

Weitere Ausfuhrgegenstände sind:
Kraftfahrzeuge für 2 Mill. ℳ, wovon ungefähr die Hälfte Australien, ¼ die Vereinigten Staaten aufnehmen.
Schreibmaschinen für nahezu 1,5 Mill. ℳ, die zu ⅔ nach Großbritannien gehen.
Fahrräder für 300 000 ℳ gehen ebenfalls größtenteils nach Australien.
Sonstige Maschinen für 2 Mill. ℳ, davon in die Vereinigten Staaten über die Hälfte, von europäischen Ländern nach Großbritannien, Belgien und Frankreich je etwa 10 vH.

Argentiniens Einfuhr an Maschinen und Fahrzeugen beläuft sich auf rd. 100 Mill. ℳ. Davon kommt die Hälfte aus Großbritannien, ⅓ aus den Vereinigten Staaten und nur 15 vH. aus Deutschland.

Die Ausfuhrstatistik der Vereinigten Staaten gibt allerdings einen wesentlich niedrigeren Wert an und auch die großbritannische Ausfuhrstatistik hat einen geringeren Wert als die argentinische Einfuhrstatistik.

Die hauptsächlichsten Maschinen der Einfuhr sind:
Eisenbahnwagen für 20 Mill. ℳ; davon 70 vH. aus Großbritannien, 15 vH. aus den Vereinigten Staaten, 2 vH. aus Deutschland.
Lokomotiven für 17 Mill. ℳ; zu 80 vH. aus Großbritannien, 9 vH. aus den Vereinigten Staaten, 7 vH. aus Deutschland.
Landwirtschaftliche Maschinen für 15 Mill. ℳ; 70 vH. aus den Vereinigten Staaten, je etwa 12 vH. aus Großbritannien und Deutschland.
Nähmaschinen für 2,5 Mill. ℳ; zu 65 vH. aus den Vereinigten Staaten, zu 30 vH. aus Deutschland und zu 4 vH. aus Großbritannien.
Kraftfahrzeuge für 4 Mill. ℳ; zu 65 vH. aus Frankreich, 10 vH. aus Großbritannien und je 7 vH. aus Deutschland und den Vereinigten Staaten.
Sonstige Maschinen für 20 Mill. ℳ; zu 35 vH. aus Großbritannien, 33 vH. aus Deutschland und 11 vH. aus den Vereinigten Staaten.

Der Anteil Deutschlands könnte vermutlich noch bedeutend höher sein, wenn die deutsche Maschinenindustrie sich noch mehr um das Land bemühen wollte. Argentiniens Kaufkraft und Bedarf hat einen bewunderswürdigen und stetigen Aufschwung genommen, die deutsche Industrie sollte daher jede Gelegenheit für den Absatz ihrer Erzeugnisse ausnutzen. Vielfach wird behauptet, daß die deutsche Industrie nicht die richtigen Vertreter habe, die ihre Sache energisch fördern; auch sollen es die deutschen Firmen häufig an Reklame fehlen lassen, die besonders seitens der Amerikaner im Schwunge ist.

Die Vereinigten Staaten, die auf dem argentinischen Markte die Hauptwettbewerber sind, liefern wohl einzelne Sachen billiger und besser, vielfach aber auch schlechter und trotzdem teurer als Deutschland.

An der Maschineneinfuhr nach Brasilien, die sich nach der letzten Statistik auf über 70 Mill. ℳ belief, ist Deutschland mit dem mäßigen Betrag von nur 11 Mill. ℳ beteiligt, Großbritannien liefert das Dreifache, während die Vereinigten Staaten mit 13 Mill. ℳ nur weniger über Deutschland stehen.

Einen Hauptteil der brasilianischen Einfuhr von Maschinen bildet das rollende Eisenbahngut (Lokomotiven und Wagen); aber gerade hierin ist Deutschland bis jetzt sehr im Nachteil. Die Eisenbahnen sind durchweg an Privatgesellschaften vergeben, unter diesen befindet sich jedoch nur eine deutsche. Weil Brasilien keine eigene Eisenindustrie hat, wird der gesamte Bedarf an Schienen, Lokomotiven, Wagen usw. vom Ausland bezogen. Dabei ist es naheliegend, daß diese jeweils bei dem Mutterlande der betreffenden Eisenbahngesellschaft bestellt werden, und so gehen die deutsche Eisen- und Maschinenindustrie beinahe leer aus. Daher erscheint es unumgänglich notwendig, daß sich deutsches Kapital in höherem Maße beim Bau und Erwerb neuer brasilianischer Bahnen betätigt.

Die Kraftwagenindustrie hat in den letzten Jahren ihren Erzeugnissen in Brasilien Eingang zu verschaffen gewußt. Früher wurden fast ausschließlich französische Wagen bezogen, während neuerdings immer mehr deutsche Erzeugnisse Eingang finden. Da außerhalb der Städte die Wege schlecht sind, muß beim Bau der Wagen diesen Anforderungen Rechnung getragen werden.

Werkzeugmaschinen, Nähmaschinen und Textilmaschinen machen einen wesentlichen Teil der deutschen Einfuhr nach Brasilien aus.

In der Landwirtschaft verlangt der vermehrte Reisanbau und die ständige Steigerung des Ertrages größere Anlagen an Reismühlen. Diese müssen sich den verschiedenen vorkommenden Reissorten anpassen.

Die schweizerische Industrie hat in letzter Zeit ein besonderes Interesse für das brasilianische Absatzgebiet zu erkennen gegeben, indem sie in Brasilien eine schweizerische Handelsgesellschaft ins Leben rief, um für ihre Maschinen dort Absatz zu suchen. Da sich bedeutende Firmen mit großem Kapital an der Sache beteiligt haben, dürfte der Erfolg nicht ausbleiben; das sollte auch für die deutsche Maschinenindustrie ein Ansporn sein, sich energisch um den brasilianischen Markt zu bemühen.

Chiles Einfuhr an Maschinen beträgt rd. 40 Mill. ℳ. Deutschland und Großbritannien sind daran ungefähr gleich stark mit je 40 vH. beteiligt, während auf die Vereinigten Staaten nicht einmal 10 vH. kommen.

Die deutsche Industrie liefert nach Chile hauptsächlich Lokomotiven, Kraftmaschinen verschiedener Art und vor allem Hülfsmaschinen für landwirtschaftliche, gewerbliche und bergbauliche Zwecke.

Wohl sind schon viele deutsche Maschinen in Gebrauch, aber der Absatz läßt sich sicher noch erheblich vergrößern, besonders in landwirtschaftlichen Maschinen.

Beachtenswert ist, daß die deutsche Ausfuhrstatistik sehr erheblich niedrigere Werte aufweist als die chilenische Einfuhrstatistik.

Nach Kuba werden für rd. 25 Mill. ℳ Maschinen eingeführt; ³/₄ des Bedarfes werden von den Vereinigten Staaten gedeckt, auf Deutschland entfallen nur etwa 6 vH., auf Großbritannien 12 vH.

Die Einfuhr besteht in der Hauptsache aus Lokomotiven, Nähmaschinen, Maschinen für Zuckerfabriken und Brennereien; an dem Einfuhrwert der letzteren im Betrage von 6,5 Mill. ℳ ist Deutschland mit rd. 0,5 Mill. ℳ beteiligt, in derselben Höhe an der Einfuhr von Maschinen verschiedener Art, wovon im ganzen von 5 Mill. ℳ nach Kuba abgesetzt werden.

Asien.

Britisch-Indien weist die höchste Einfuhrziffer in Maschinen auf mit rd. 200 Mill. ℳ. Dieser ganz bedeutende Bedarf an Maschinen wird nach der indischen Statistik fast ausschließlich (zu 95 vH.) von dem Mutterlande Großbritannien gedeckt. In den kleinen Rest teilen sich Deutschland und die Vereinigten Staaten. Diese Anschreibung ist darauf zurückzuführen, daß die indische Statistik die Einfuhr nach der Nationalität der Schiffe verzeichnet, ohne auf die eigentlichen Herkunftsländer zu achten. Daß die sich so ergebenden Ziffern irreführen, zeigt schon die Tatsache, daß die englische Ausfuhrstatistik einen sehr viel geringeren Wert aufweist. In dem Unterschiede der beiden Angaben sind zweifellos solche Waren enthalten, die über Großbritannien als Durchfuhrland nach Indien gehen, was in der Vermittlertätigkeit der englischen Ausfuhrhäuser begründet ist. Aber es ist zu beachten, daß die Stellung Deutschlands sich doch nur insoweit verbessern kann als für die Ausfuhr nach Indien nur ein Teil der nach der Statistik als in Großbritannien eingeführten Maschinen in Frage kommen kann. Zieht man von diesem Werte den für Großbritannien selbst bezogenen Bedarf und den nach anderen Ländern (englische Kolonien, aber auch Südamerika) gelieferten Wert ab, so bleibt für Indien nur ein gewisser Anteil, der gegenüber dem großen Bedarf Indiens es doch wert erscheinen läßt, eingehend zu erwägen, wie die Ausfuhr deutscher Maschinen nach Indien gehoben werden kann.

Mehr als die Hälfte der eingeführten Maschinen entfallen auf die Lieferung von rollenden Eisenbahnbetriebsmitteln (Lokomotiven und Wagen), und zwar rd. 50 Mill. ℳ für Staatsbahnbetriebe und 70 Mill. ℳ für andere Bahnen.

Unter den eigentlichen Maschinen stehen in der Einfuhr an erster Stelle die Textilmaschinen mit 40 Mill. ℳ.
Dampfmaschinen wurden für rd. 12 Mill. ℳ eingeführt.
Kraftfahrzeuge und Fahrräder für rd. 6 Mill. ℳ.
Bergwerksmaschinen für 2 Mill. ℳ.
Landwirtschaftliche Maschinen für ebenfalls 2 Mill. ℳ.
Sonstige Maschinen für 20 Mill. ℳ.

Die deutsche Industrie hat, wie in allen englischen Gebieten, auch in Britisch-Indien mit der allgemeinen Abneigung zu kämpfen, die den Waren deutscher Herkunft in den unter englischem Einflusse stehenden Ländern entgegengebracht wird. Die Engländer bevorzugen natürlich ihre eigenen Erzeugnisse, und die Eingeborenen sind, abgesehen von dem politischen Druck, auch durch ihre Erziehung und durch die Erlernung der englischen Sprache in wirtschaftlicher Abhängigkeit von den Engländern. Die Regierung selbst ist Großabnehmer; sie kauft fast nur in Großbritannien und macht bei Ausschreibungen die Verwendung englischer Erzeugnisse zur Bedingung. Und doch liegen in Britisch-Indien die Verhältnisse günstiger als in den englischen Kronkolonien und den englischen Dominions. Der gebildete Inder ist dort, wo er nicht auf englische Erzeugnisse angewiesen ist, geneigt, anderen als englischen Waren den Vorzug zu geben. So sind bei einigen in letzter Zeit gegründeten großen industriellen Unternehmungen (Stahlwerk, elektrische Kraftwerke, Zementwerk) besonders deutsche Maschinen verwendet worden.

Der außerordentlich große Anteil Großbritanniens an der Maschineneinfuhr nach Britisch-Indien könnte leicht die Vermutung aufkommen lassen, daß das Mutterland besondere Vergünstigungen durch Vorzugzölle genießt gegenüber den Wettbewerbländern und daß also auch für die deutsche Maschinenindustrie infolge hoher Zollsätze die Einfuhr nach Britisch-Indien unwirtschaftlich wird. Dies trifft aber nicht zu; außerdem halten sich die Einfuhrzölle in mäßigen Grenzen, für viele Maschinen und Geräte herrscht sogar Zollfreiheit.

Zweifellos läßt sich also der deutsche Absatz in Indien erheblich steigern, wenn die deutsche Maschinenindustrie dem Lande mehr Beachtung schenken und auch einige anfängliche Opfer nicht scheuen würde, um dort ins Geschäft zu kommen. Es müßten erfahrene Ingenieure herausgesandt werden, um die besonderen Bedürfnisse der indischen Industrie und Landwirtschaft zu studieren und die Käufer bei Neuanschaffungen zu beraten; Werkstätten zur Instandsetzung der vorhandenen Maschinen, ständige Ausstellungen usw. müßten eingerichtet werden. Auf diese Weise könnte der Markt mit ganz anderen Mitteln bearbeitet werden, und der Erfolg würde sich bald zeigen.

In Niederländisch-Indien beläuft sich die Gesamteinfuhr an Maschinen auf rd. 12 Mill. ℳ mit einem Anteil Deutschlands von höchstens 8 bis 10 vH.; für die nächste Zeit wird mit einer weiteren Zunahme der Einfuhrziffern für Industrieerzeugnisse zu rechnen sein, wie schon in den vergangenen Jahren festgestellt worden ist.

Außer Eisen, Stahl und Blechen finden Kleineisenwaren für den Häuserbau guten Absatz, außerdem Gerätschaften, Werkzeuge und moderne Werkzeugmaschinen. Regierungsbetriebe und private Unternehmungen richten Werkstätten ein, die ihnen Reparaturen und kleinere Neuanfertigungen ohne Abhängigkeit von der europäischen Industrie ermöglichen sollen.

Für das Ernten und Verarbeiten der Bodenerzeugnisse: Zucker, Reis, Kaffee usw., ist stets ein Bedarf an landwirtschaftlichen Maschinen vorhanden. Allein für die Zuckerverarbeitung wurden in einem Jahre für mehr als 6 Mill. ℳ Maschinen eingeführt. Trotz der dichten Bevölkerung macht sich im Landbau bereits ein Mangel an Arbeitskräften bemerkbar, der dazu führt, mehr und mehr zur Maschinenarbeit überzugehen.

Die Jahreseinfuhr an rollenden Eisenbahnbetriebmitteln belief sich auf ungefähr 3 Mill. ℳ.

Einen ganz unerwarteten Aufschwung hat in den letzten Jahren die Einfuhr von Kraftfahrzeugen genommen; sie betrug in einem Jahre gegen 2 Mill. ℳ; die Kraftwagen sind rasch ein unentbehrliches Transportmittel geworden. Die Eisenbahnnetze genügen den dortigen Bedürfnissen noch nicht, der Kraftwagen kann am schnellsten Hülfe schaffen. Auch bestehen Pläne, an Stelle kostspieliger Eisenbahnanlagen regelmäßige Kraftwagenlinien einzurichten und in größeren Städten einen Kraftomnibusdienst ins Leben zu rufen. Wenn auch infolge allzugroßer Anfuhren von Maschinen der Markt zeitweise über die Nachfrage hinaus überfüllt ist und Stockungen im Absatz eintreten, so dürfte doch Niederländisch-Indien auch weiterhin ein dankbares Absatzgebiet für die Kraftwagenindustrie bleiben.

In Japan beträgt die Einfuhr an Maschinen rd. 50 Mill. ℳ. Daran ist Großbritannien mit etwa 60 vH. beteiligt, die Vereinigten Staaten mit 10 vH. und Deutschland mit 6 vH.

Die gesamte deutsche Einfuhr hat in den letzten Jahren in Japan nicht den Aufschwung genommen, der nach den vorhergehenden Jahrgängen zu erwarten gewesen wäre. Wohl ist die Einfuhrziffer an sich weiter gestiegen, aber im Verhältnis zu derjenigen anderer Länder viel zu langsam. Die Vereinigten Staaten zB. standen im Jahre 1896 mit ihrer Ausfuhr hinter Deutschland zurück, haben aber bis zum Jahre 1909 den Betrag gegenüber dem Zuwachs von Deutschlands Ausfuhr nahezu um das Doppelte vermehrt; auch Großbritannien hat in demselben Zeitraum eine bedeutende Steigerung seiner Ausfuhr nach Japan aufzuweisen.

Deutschland muß also sehr auf seiner Hut sein, um nicht in Japan noch mehr ins Hintertreffen zu geraten, und wird nichts unversucht lassen dürfen, um sich die verlorene Stellung wieder zurückzuerobern.

Allerdings ist nach einigen besonders flotten Geschäftsjahren im Jahre 1909 allgemein ein bedeutender Rückgang der Maschineneinfuhr nach Japan zu verzeichnen gewesen.

Die japanische Maschinenindustrie gibt sich alle Mühe, mehr und mehr von der fremden Einfuhr unabhängig zu werden, und versucht darum, in allen möglichen Zweigen selbst Maschinen in eigenen Werkstätten zu bauen, vielfach, indem sie eingeführte, gut bewährte Erzeugnisse nachbaut. In den wenigsten Fällen ist sie jedoch einstweilen imstande, wirklich wettbewerbfähige Maschinen zu liefern, so daß noch ein reiches Feld für die Einfuhr offensteht.

Auf dem in Japan sehr bedeutenden Markte für Textilmaschinen — es werden für über 10 Mill. ℳ Textilmaschinen eingeführt — ist Großbritannien, besonders in Baumwollspinnmaschinen, bis jetzt führend; Deutschland hat in der Hauptsache nur Einrichtungen für Wollfabriken geliefert und könnte seinen Absatz in Textilmaschinen noch wesentlich erweitern.

Nachfrage besteht ferner in Maschinen für Kleinbahnen, elektrische Bahnen und Gaswerke. Gute Aussicht auf Absatz hätten auch Motorfeuerspritzen, wenn sie sich den Eigentümlichkeiten der kleineren japanischen Städte mit ihren engen Straßen anpassen würden, da hierfür infolge der Holzbauten ein dringendes Bedürfnis besteht.

Werkzeugmaschinen verschiedenster Art werden noch immer vom Ausland bezogen im Gesamtbetrage von etwa 5 Mill. ℳ. Hierbei, wie überhaupt ganz allgemein, handelt es sich darum, die meist höheren Preise der deutschen Erzeugnisse zu rechtfertigen und dem japanischen Käufer zu beweisen, durch welche Vorzüge sich die teureren deutschen Maschinen besser bezahlt machen, als die billigeren des Wettbewerbes. Dies gelingt natürlich durch nichts besser als dadurch, daß man die Maschinen im Betriebe vorführt; die Kosten hierfür dürften sich durch einen gesteigerten Absatz wohl bezahlt machen.

Chinas Einfuhr an Maschinen beläuft sich auf rd. 50 Mill. ℳ. Nahezu die Hälfte davon entfällt auf Großbritannien. Deutschlands Anteil beträgt nicht ganz 20 vH., derjenige der Vereinigten Staaten kaum 10 vH.

Die Verteilung auf die verschiedenen Maschinengruppen ist folgende:

Rollende Eisenbahnbetriebsmittel für rd. 30 Mill. ℳ; zu etwa 25 vH. aus Großbritannien, zu je 15 vH. aus Deutschland, Belgien und Japan; einen kleinen Anteil haben außerdem die Vereinigten Staaten und Rußland.

Maschinen und Zubehör für 18 Mill. ℳ; zu rd. 50 vH. aus Großbritannien, 15 vH. aus Deutschland, kleinere Beträge liefern die Vereinigten Staaten, Japan, Belgien und Rußland.

Fahrzeuge und Fahrräder für 1,5 Mill. ℳ; davon liefern Deutschland 10 vH., Großbritannien 35 vH., Japan, Belgien und Rußland je 14 vH.

China schreitet zusehends vorwärts in der Ueberwindung seiner alten Kultur mit ihren Vorurteilen und befindet sich am Anfang eines großen industriellen Aufschwunges. Die deutsche Maschinenindustrie hat diesen Vorgang bisher zu wenig beachtet und läuft Gefahr, des ihr gebührenden Anteiles am chinesischen Markte verlustig zu gehen. Aufmerksames Beobachten des chinesischen Marktes ist zur richtigen Ausnutzung der Verhältnisse unumgänglich notwendig. Daß der Absatzmöglichkeiten in China gar viele sind, läßt sich schon aus den Fortschritten schließen, die andere Länder auf dem chinesischen Markt gemacht haben. Allerdings darf nicht übersehen werden, daß bei der Einfuhr nach China auch manche Schwierigkeiten zu überwinden sind.

Die englische Maschinenindustrie, welche die deutsche auf dem chinesischen Markte weit überragt, weist den Weg zum Erfolg; die Engländer haben frühzeitig erkannt, daß sich der kulturelle Einfluß, den sie auf China ausüben, bezahlt machen werde. Es werden bedeutende Opfer nötig sein, um der deutschen Industrie den ihr gebührenden Einfluß am chinesischen Markte zu verschaffen, aber der chinesische Markt in seiner zukünftigen Entwicklungsmöglichkeit ist diese Opfer wohl wert.

Afrika.

In Britisch-Südafrika liegen die Verhältnisse im allgemeinen nicht ungünstig für die deutsche

Ausfuhr. Allerdings genießen die britischen Erzeugnisse Vorzugzölle. Die nach dem südafrikanischen Kriege vorherrschende britisch-imperialistische Strömung ist aber allgemein sehr zurückgegangen.

Vorbedingung für den Absatz ist gründliche Kenntnis des englischen Marktes, da in Südafrika stark mit dem englischen Geschmack gerechnet werden muß.

Der Anteil Deutschlands an der Gesamt-Maschineneinfuhr, die sich auf rd. 50 Mill. ℳ beläuft, beträgt nur etwa 10 vH., derjenige der Vereinigten Staaten 15 vH., während Großbritannien mit 70 vH. das erdrückende Uebergewicht hat. Zwar weist die englische Ausfuhrstatistik einen etwas geringeren Wert auf, was die Annahme zulassen könnte, daß in dem Unterschied einige deutsche Durchfuhrwaren enthalten sind, aber auch die Ausfuhrziffer der Vereinigten Staaten ist niedriger; der Grund für die Unterschiede ist somit zum Teil auch in Verschiedenheiten der Anschreibweisen zu suchen.

Ueber die Aussicht in den einzelnen Industriezweigen ist folgendes zu bemerken:

Das große hochgelegene Hinterland hinter den an die Küstengebiete anschließenden Gebirgen kommt als Absatzgebiet für landwirtschaftliche Maschinen, Lokomobilen, Windmotoren usw. in Frage.

Die Landwirtschaft hat seit dem Kriege einen erheblichen Aufschwung genommen. Die Regierung gibt sich große Mühe, aufklärend zu wirken und die Einführung verbesserter Geräte und Maschinen zu fördern. Deutsche Pflüge haben im allgemeinen einen guten Ruf, doch wird gewünscht, daß die Fabrikanten noch mehr den besonderen südafrikanischen Verhältnissen Rechnung tragen und gewünschte kleine Abänderungen der Bauart vornehmen sollen, wie es die Amerikaner zB. tun sollen. Landwirtschaftliche Maschinen könnten bei etwas mehr Opferwilligkeit der Fabrikanten und Unternehmungsgeist einen weit größeren Absatz finden. Maschinen für die Milchwirtschaft sollen zurzeit ein vorzüglicher Einfuhrgegenstand sein.

Für Bewässerungsanlagen sind zum Betrieb der Pumpwerke vier Arten von Motoren im Gebrauch: Dampf-, Sauggas-, Oel- und Windmotoren; als Pumpen kommen nur Zentrifugalpumpen zur Verwendung. Kleine Oel- oder Benzinmotoren werden auch viel zum Antrieb landwirtschaftlicher Maschinen benutzt.

Zurzeit ist jedenfalls für die Entwicklung von Süd-Afrika noch weitaus am wichtigsten der Goldbergbau von Transvaal und, wenn auch in beschränkterem Maße, die Diamantengewinnung von Kimberley. Diese beiden Industriezweige sind aber für den Absatz von Maschinen von weit größerer Bedeutung, als man in Europa ganz allgemein annimmt. Der Grubenbezirk am Witwatersrand kann sich sowohl nach seiner Ausdehnung als auch nach seinen technischen Einrichtungen durchaus mit unseren fortgeschrittenen Bezirken in Europa messen. Man fördert in den dortigen Gruben zum Teil jetzt schon aus einer Tiefe von über 1200 m und rechnet für die Zukunft mit noch weit größeren Tiefen. Auch bei der Diamantengewinnung ist man von dem einfachen Oberflächenbetrieb zum regelrechten Tiefbau übergegangen. Es handelt sich bei diesen Gruben um sehr große Tagesförderungen von Gestein. Aus einer Grube werden zB. täglich etwa 3000 t mit Dynamit geschossenes Gestein gefördert und durch Brecher, Walzwerke usw. weitgehend zerkleinert.

Von den sehr umfangreichen Lieferungen, die namentlich in den letzten Jahren nach den Grubengebieten Süd-Afrikas gegangen sind, ist leider nur ein verhältnismäßig geringer Teil auf die deutsche Maschinenindustrie gekommen, etwa 12 vH., während Großbritannien und auch die Vereinigten Staaten den größten Teil erhalten haben.

Kleinere Bergwerksmaschinen (Gesteinsbohrer usw.) wurden im Jahre 1912 in großer Zahl eingeführt, aber auch größere Maschinen wurden für annähernd 20 Mill. ℳ gebraucht. Meist wird mit elektrischer Kraft gearbeitet, die zB. auch zur Erzeugung von Druckluft Verwendung findet, doch werden auch Dampfkessel benötigt.

Einen wesentlichen Teil von umfangreichen Lieferungen für Elektrizitätswerke haben sich die deutschen Elektrizitätsfirmen zu sichern verstanden.

Lebhafte Nachfrage herrscht dauernd nach Kraftwagen, besonders Lastwagen. Die südafrikanische Staatsbahn bedient sich derselben zu Ablieferung von Gütern, und auch sonstige Behörden, städtische Verwaltungen und zahlreiche Privatbetriebe haben Frachtwagen im Gebrauch. Auch die Landwirtschaft sucht Wagen, die geeignet sind zum Ziehen von Pflügen und Eggen. Zusammen mit Fahrrädern machen die Kraftwagen etwa 12 vH. der gesamten Maschineneinfuhr aus. Die deutschen Fabrikanten haben sich leider durch den Wettbewerb der Engländer, Franzosen und Amerikaner zurückdrängen lassen; mit einigen Opfern müßte es aber gelingen, den deutschen Absatz wieder zu heben.

Aegypten führte im Jahre 1911 für rd. 15 Mill. ℳ Maschinen ein. Deutschland ist an dieser Einfuhr mit etwa 18 vH. beteiligt, Großbritannien mit 50 vH., Frankreich mit 12 vH. Die deutsche Einfuhr ist stark im Zunehmen begriffen und ist an fast allen Einfuhrgegenständen beteiligt, die hauptsächlich in folgenden Maschinen bestehen:

Landwirtschaftliche Maschinen für 3 Mill. ℳ.

Dampfmaschinen, Dampfboote und Lokomotiven für 3 Mill. ℳ.

Elektrische Maschinen, Gas- und Petroleummotoren für 3 Mill. ℳ.

Sonstige Wasch-, Werkzeugmaschinen, Nähmaschinen und Schreibmaschinen für rd. 6 Mill. ℳ.

Die Länder an der Nordküste Afrikas, Algier, Tunis und Marokko, kommen hauptsächlich für die Einfuhr von landwirtschaftlichen Maschinen in Frage. Während Marokko und Tunis in der Maschineneinfuhr noch nicht besonders hervortreten, führte Algier im Jahre 1911 bereits für rd. 20 Mill. ℳ Maschinen ein und zwar außer landwirtschaftlichen Maschinen auch Bergwerksmaschinen, Dampfmaschinen und Motoren aller Art, Pumpen, ferner Eisenbahnbetriebmittel, Kraftfahrzeuge und Fahrräder, Nähmaschinen, Schreibmaschinen u. a. Der weitaus größte Teil dieser Maschinen — in Algier rd. 70 vH. — stammt aus Frankreich. Großbritannien, Deutschland und die Vereinigten Staaten sind mit kleineren Beträgen beteiligt.

Australien.

Australiens Einfuhr an Maschinen bewertet sich auf rd. 50 Mill. ℳ. Großbritannien ist daran mit der Hälfte und die Vereinigten Staaten mit $1/4$ beteiligt; auf Deutschland kommen nur 5 vH. Die englischen Erzeugnisse genießen Vorzugzölle. Hier zeigt sich die eigenartige Erscheinung, daß die englische Ausfuhrstatistik erheblich höhere Werte aufweist als die australische Einfuhrstatistik, auf die mit Rücksicht auf die den britischen Waren gewährten Vorzugzölle der größere Verlaß sein dürfte. Da die

Unterschiede in den statistischen Anschreibungen über die Einfuhr der beiden Wettbewerbländer nicht genügen, um den Unterschied in den Nachweisen über den englischen Anteil zu erklären, so dürften Unterschiede in der Anschreibweise vorliegen.

In der Hauptsache werden folgende Maschinen eingeführt:

Motoren und Kraftmaschinen aller Art für 13 Mill. ℳ; sie stammen zu 85 vH. aus Großbritannien.

Kraftfahrzeuge und Fahrräder für rd. 10 Mill. ℳ; daran ist außer Großbritannien und den Vereinigten Staaten auch Italien beteiligt, Deutschlands Anteil beträgt nur etwa $^1/_2$ Mill. ℳ.

Landwirtschaftliche Maschinen und Geräte für 9 Mill. ℳ; zu etwa gleichen Teilen aus Großbritannien, den Vereinigten Staaten und Kanada.

Dampfmaschinen für 4$^1/_2$ Mill. ℳ; zu $^3/_4$ aus Großbritannien und annähernd $^1/_4$ aus den Vereinigten Staaten.

Nähmaschinen für 3$^1/_2$ Mill. ℳ; zur Hälfte aus Großbritannien, rd. 30 vH. aus den Vereinigten Staaten und 20 vH. aus Deutschland.

Lokomobilen für 2$^1/_2$ Mill. ℳ; zu $^3/_4$ aus Großbritannien, zu annähernd $^1/_4$ aus den Vereinigten Staaten.

Werkzeugmaschinen für 1 Mill. ℳ; zu 50 vH. aus Großbritannien, 30 vH. aus den Vereinigten Staaten und nur zu 10 vH. aus Deutschland.

Sonstige Maschinen für 11 Mill. ℳ; zu 50 vH. aus Großbritannien, 30 vH. aus den Vereinigten Staaten und 10 vH. aus Deutschland.

Die deutsche Maschinenindustrie ist einstweilen mit nur unbedeutenden Summen an der Versorgung des australischen Marktes beteiligt, und sie wird bedeutende Anstrengungen machen müssen, um ihren Erzeugnissen besseren Absatz zu verschaffen. Dazu wird vor allem erforderlich sein, daß sie sich den eigenartigen Verhältnissen Australiens anpaßt, was am besten durch die Aussendung von eigenen Reisenden oder die Bestellung von eigenen Agenten in die Wege geleitet wird. Der Australier hat die Neigung, unter Ausschaltung des Zwischenhandels unmittelbar mit dem Lieferer in Beziehung zu treten. Darum wird es von größter Bedeutung sein, tüchtige und gewandte Leute an Ort und Stelle zu haben, die zur Erlangung von Aufträgen unmittelbar an die Verbraucher herantreten.

Deutsche Kolonieen.

Besonderes Interesse bietet für die deutsche Maschinenindustrie noch die Frage der Absatzmöglichkeiten in den deutschen Kolonieen. Diese sind in letzter Linie doch für die Zukunft unsere sichersten überseeischen Absatzgebiete; Zollschwierigkeiten oder sonstige politische Verwicklungen können hier die Einfuhr deutscher Maschinen nicht hintanhalten.

Die bisherige Ausfuhr Deutschlands an Maschinen nach den Kolonieen ist allerdings noch recht gering. Sie bewertete sich im Jahre 1910 auf rd. 7 Mill. ℳ und umfaßte Maschinen für Landwirtschaft, Transport und Industrie. Bei dieser bescheidenen Ausfuhrziffer ist aber zu bedenken, daß heute erst der zehnte Teil unserer Kolonieen wirtschaftlich erschlossen ist.

Die weitere Entwicklung der Kolonieen stellt der Industrie eine ganze Reihe von großen technischen Aufgaben, die zum Teil mit großen kolonialen Aufgaben zusammenfallen. So ist die Einführung einer deutschen Motorschiffahrt geplant zur wirtschaftlichen Erschließung des südöstlichen Alt- und Neukameruns und um unsere großen Seengebiete in Ostafrika an den Weltverkehr anzuschließen. Außer den Lieferungen für den Bau der Schiffe stehen für die Maschinenindustrie noch in Aussicht die Beschaffung von Baggern, Kranen, Pumpen und sonstigen Maschinen und Geräten für Flußregulierungen und Hafenbauten. Ferner eröffnen sich der Maschinenindustrie neue Absatzmöglichkeiten für Maschinen für die Landwirtschaft, Transport und Industrie, besonders in Kamerun und Deutsch-Ostafrika.

Hier fördernd zu wirken für unsere Kolonieen und gleichzeitig für die heimische Maschinenindustrie hat sich die „Technische Kommission des Kolonialwirtschaftlichen Komitees" zur Aufgabe gemacht. Diese hat neuerdings in Aussicht genommen, in der wirtschaftlich am meisten entwickelten Kolonie Deutsch-Ostafrika eine ständige technische Stelle einzurichten, die mit einem erfahrenen Ingenieur und einigen Technikern besetzt werden soll. Die Tätigkeit des Ingenieurs soll darin bestehen, die Bedürfnisse der Kolonie an Maschinen und Geräten zu studieren und über die gemachten Erfahrungen und Aussichten für einen vermehrten Absatz von Maschinen unparteiische Berichte zu liefern, die der heimischen Maschinenindustrie zur Verfügung gestellt werden sollen. Er soll die vom kolonialwirtschaftlichen Komitee eingerichtete ständige Maschinen- und Geräteausstellung in Daressalam leiten und für die heimische Industrie nutzbringend ausgestalten. Er soll ferner die Vorführung von Maschinen im Betrieb und das vom Komitee eingerichtete Saatwerk, das als Musterbetrieb für die Kolonieen wirken soll, leiten, gegebenenfalls neue Musterbetriebe einrichten. Der Ingenieur soll die bis jetzt an den Verkehr angeschlossenen Gebiete der Kolonie bereisen, die vorhandenen technischen Betriebe besuchen und die an Ort und Stelle gesammelten Erfahrungen in seinen Berichten niederlegen. Zugleich soll er sich mit den großen Unternehmungen in der Kolonie, wie Eisenbahnbau, Hafenbau, Bergbau, Wasserbau, Schiffahrt, drahtlose Telegraphie usw., befassen und auch über diese unter dem Gesichtspunkt einer vermehrten Absatzmöglichkeit für die Maschinenindustrie berichten.

Eine weitere wichtige Aufgabe dieser ständigen technischen Stelle wird in der Erziehung eines Stammes von geschulten Arbeitern und Monteuren aus der eingeborenen Bevölkerung bestehen, damit das nötige Personal für die Wartung von Maschinen und nötigenfalls für deren Ausbesserung in der Kolonie herangezogen wird, denn ohne ein solches sind die Maschinen in den unwirtlichen Gegenden wertlos.

Es ist ohne weiteres verständlich, daß das Mutterland den Bedarf seiner Kolonieen in erster Linie selbst zu decken sucht; besonders beachtenswert ist aber im Zusammenhange hiermit, welche Mittel von Großbritannien angewendet werden, um seine führende Stellung auf den großen Absatzmärkten seiner Kolonieen zu sichern. Mit Hülfe der amtlichen Stellen werden auf Anregung der Londoner Handelskammer in den englischen Kolonieen fortwährend solche Gegenstände ausländischer Herkunft gesammelt, die im Wettbewerb mit den britischen Erzeugnissen draußen Erfolg haben. Diese Gegenstände werden dann im Heimatlande von Zeit zu Zeit in Sammlungen ausgestellt, und zwar mit eingehenden Berichten über Herstellungskosten, Zölle, Verkaufpreise und ähnliche wichtige Punkte, die als Grundlagen für die sofort aufzunehmende Herstellung in englischen Werkstätten dienen können. Unter dieser Art des Wettbewerbes hatten zB. in Südafrika wiederholt gerade deutsche Erzeugnisse zu leiden.

Entwicklung der Maschineneinfuhr eines fremden Landes.

Zieht man aus der Betrachtung der verschiedenartigen Verhältnisse in den verschiedenen Staaten die allgemeinen Schlußfolgerungen, wie sich die Absatzverhältnisse für Maschinen in einem Lande im allgemeinen zu gestalten und zu entwickeln pflegen, so bildet sich ungefähr folgendes Bild:

Zunächst kommen in Aufnahme landwirtschaftliche Maschinen und Geräte, in den Städten die einfacheren Hülfsmaschinen und hauswirtschaftlichen Maschinen, insbesondere in größeren Mengen Nähmaschinen und Schreibmaschinen. In der Landwirtschaft bringt die Lokomobile die erste Krafterzeugung, in den Städten für das Gewerbe heute der kleine Verbrennungsmotor. Sind Wasserkräfte im Lande vorhanden, so stellt sich alsbald Elektrizitätserzeugung für Licht- und Kraftversorgung ein, aber auch ohne Wasserkräfte werden in den Städten Elektrizitätswerke für Beleuchtungszwecke gebaut, denen bald Straßenbahn-Einrichtungen folgen. Sind Bodenschätze vorhanden, so finden Bergwerksmaschinen, Transport- und Verladeeinrichtungen Eingang. Einen großen Anstoß für die Einfuhr von Maschinen bedeutet der Bau von Eisenbahnen, womit zugleich die Industrialisierung Fortschritte macht und nicht nur Lokomotiven und Wagen, sondern auch Werkzeugmaschinen für Reparaturwerkstätten, sowohl für die Bedürfnisse der Bahnen, als auch für diejenigen der sich entwickelnden Industrie folgen. Sehr beachtenswert ist ferner der starke Bedarf, der in Kraftwagen, Krafträdern und Fahrrädern durch die moderne Entwicklung dieser Verkehrsmittel entstanden ist; diese Erzeugnisse haben sich in vielen Ländern zu einem sehr bedeutenden Einfuhrgegenstand herausgebildet. Der Kraftwagenverkehr ist zum Teil auch berufen, die kostspieligen Eisenbahnbauten zunächst zu ersetzen und zu ergänzen.

Die sich allmählich entwickelnde Industrie richtet sich in ihrer Zusammensetzung naturgemäß ganz nach den Besonderheiten des einzelnen Landes, je nachdem, welche Rohstoffe sich finden oder erzeugt werden und in welchem Maße die Verarbeitung der Rohstoffe im Lande selbst möglich ist. Klima, Bevölkerung, Bodengestaltung und mancherlei andere Dinge sind für letzteres mitbestimmend.

Mit der zunehmenden Industrialisierung wächst die Einfuhr von Maschinen aller Art, insbesondere von Arbeitsmaschinen für die Gewerbe und Antriebsmaschinen zur Krafterzeugung. Hierbei kann die heimische Ausfuhrindustrie sehr erheblich unterstützt werden durch die heimischen Finanzkreise, wenn diese den industriellen Aufschwung der fremden Länder durch Kapitalhergabe erleichtern und fördern und zugleich der heimischen Industrie die dadurch zur Verfügung stehenden Aufträge sichern; in dieser Beziehung gehen namentlich die großbritannischen, nicht minder aber auch die amerikanischen, belgischen und französischen Finanzkreise vorbildlich vor und finden dabei vor allem die tatkräftige Unterstützung ihrer Regierungen.

In dem Maße, wie sich die Industrie in einem Land entwickelt, entsteht sodann auch das Bedürfnis nach Reparaturwerkstätten, um den zeitraubenden Betriebstörungen entgegenzuwirken. Diese Reparaturwerkstätten beginnen bald, wenn der Charakter der Bevölkerung und die Arbeitsgelegenheiten günstig sind, den Bau zunächst einfacher Maschinen aufzunehmen. So entsteht der einführenden Maschinenindustrie ein vorderhand zwar unbedeutender Wettbewerb im Lande selbst, der aber doch dazu führt, daß die Einfuhr sich hochwertigeren Erzeugnissen zuwendet, für welche mit der steigenden Industrialisierung auch Absatzmöglichkeiten geschaffen werden, während die einfacheren gröberen Maschinen allmählich im Lande selbst hergestellt werden.

Ist dieser Zustand erreicht, so muß zugleich damit gerechnet werden, daß die Abnehmerkreise des betreffenden Landes, vor allem die staatlichen und gemeindlichen Verwaltungen, jede Gelegenheit wahrnehmen, um die sich entwickelnde Maschinenindustrie zu fördern. Dazu gehört neben Schutzzollbestrebungen vor allem auch die Gewährung von Aufpreisen gegenüber dem ausländischen Wettbewerb, der die Einführer von Maschinen zu Preisnachlässen zwingt.

Sobald sich eine entsprechende Industrie in einem Lande zu entwickeln beginnt, wird die bisher Maschinen einführende Industrie diesen Entwicklungsgang nicht mehr aufhalten können, sie muß sich dann entsprechend einrichten, indem sie einmal dazu übergeht, immer hochwertigere Erzeugnisse und Sondererzeugnisse zur Einfuhr zu bringen und indem sie weiter durch Verbindung mit der neu entstehenden Industrie in anderen Formen sich einen Gewinn zu verschaffen sucht. Einer hochentwickelten Maschinenindustrie wird es nicht schwer fallen, sich, wenn der Absatz ihrer Erzeugnisse bedroht ist oder gar aussichtslos wird, durch Absatz ihres geistigen Eigentumes in der Form des Verkaufes von Konstruktionen, von Patentabkommen usw. doch noch einen dauernden Einfluß und weiteren Gewinn zu sichern.

Der so geschilderte Entwicklungsgang weist naturgemäß je nach den verschiedenartigen Vorbedingungen in jedem Lande eine andere Spielart auf, aber in großen Zügen läßt er sich fast überall verfolgen; seine einzelnen Phasen zu beobachten ist Sache der einführenden Industrie, insbesondere der deutschen Maschinenindustrie, damit sie nicht durch den Wettbewerb eines anderen ebenfalls an der Einfuhr von Maschinen beteiligten Landes aus dem Sattel gehoben wird.

Bis heute hat gerade die aufmerksame Beobachtung dieser Entwicklung und die Anpaßfähigkeit der deutschen Maschinenindustrie an die besonderen Erfordernisse der fremden Märkte große Erfolge zu verzeichnen gehabt, hoffentlich wird es ihr auch in Zukunft gelingen, in diesem Punkte die erforderliche Achtsamkeit und Regsamkeit aufzuweisen.

III. Mittel zur Förderung der deutschen Maschinenausfuhr[1].

Aus den Darlegungen ist die große Bedeutung der Maschinenindustrie und ihrer Ausfuhr für das deutsche Wirtschaftsleben unschwer ersichtlich; bei dieser großen volkswirtschaftlichen Bedeutung muß es von ganz besonderer Wichtigkeit sein, die Mittel und Wege kennen zu lernen, die zur Schaffung neuer Absatzmöglichkeiten im Auslande und zur Verbesserung der schon vorhandenen zur Verfügung stehen.

In erster Linie seien erwähnt die **amtlichen Vertretungen im Auslande**, insbesondere die **Konsularbeamten** und die **Handelssachverständigen**.

Die Aufgabe, die diesen mit der Unterrichtung der Werke im Heimatlande zufällt, ist umfangreich aber auch lohnend. Diese Unterrichtung soll den einzelnen Industriezweigen die Möglichkeit geben, zu beurteilen, ob und mit welchen Aussichten sich ihnen Absatzgebiete im Auslande eröffnen; sie soll der Agentur des einzelnen Werkes ermöglichen, eine erfolgreiche Tätigkeit aufzunehmen; die amtlichen Vertretungen sollen aber nicht, was ihnen leider so manches Mal zugemutet wird, selbst eine Art von Agententätigkeit ausüben.

Ehe Sondermitteilungen irgendwelchen praktischen Wert erhalten, muß eine Unterrichtung allgemeiner Art über die Auslandverhältnisse vorausgegangen sein. Hierbei handelt es sich zB. um die Schilderung des Landes, des Klimas, der Leute, der Bevölkerungsdichtigkeit, des Volkscharakters, der Kultur, der Lebensgewohnheiten. Dazu kommen Verhältnisse, über die gerade nur die amtliche Vertretung sichere Aufschlüsse geben kann, die augenblicklichen politischen Verhältnisse, Regierungsformen, Neigung zu Unruhen, Stimmung gegen Deutsche und deutsche Erzeugnisse. Sehr wichtig sind sodann die wirtschaftlichen Verhältnisse, also Kenntnis der Finanzen, Zölle, insbesondere Vorzugzölle; Nachrichten über die Entwicklung von Landwirtschaft und Industrie, über den Einfluß deutschen und fremden Kapitals im Lande usw.

Ebenso interessiert die Tätigkeit und der Erfolg des nichtdeutschen Wettbewerbes. Ferner sind von Bedeutung Nachrichten über die Verkehrsverhältnisse, über Bahnen, Schiffahrt, Häfen und Landwege und zwar sowohl in technischer als auch in organisatorischer Hinsicht.

Endlich sind noch die sozialen Verhältnisse beim Erwägen der Ausfuhrmöglichkeiten von größter Wichtigkeit. Erforderlich ist die Kenntnis der fremden Gesetzgebung, insbesondere hinsichtlich des Schutzes der Industrieerzeugnisse und des Schutzes von Geldforderungen. Auch die Arbeiterverhältnisse spielen oft eine bedeutende Rolle.

Von besonderem Wert ist eine rasche Benachrichtigung über große Geschäfte, Pläne für Neugründungen, Konzessionen, Beschaffungen von erheblichem Werte, Angabe über finanzielle Beteiligung usw.

Alles in allem also eine Fülle von Möglichkeiten für die Konsularbeamten, der heimischen Industrie wertvolle Dienste zu leisten.

Die heimische Industrie wird bei ihren Anfragen bei den amtlichen Vertretungen aber auch zu beachten haben, daß sie die Fragen nicht zu allgemein hält, sondern daß sie genau umgrenzt, worauf es ankommt, und womöglich gleich ergänzend mitteilt, was ihr über die dortigen Verhältnisse bereits bekannt ist. Daraus wird die angefragte Stelle erkennen, nach welcher Richtung neue Mitteilungen gewünscht werden, und sie wird zugleich die erhaltenen Mitteilungen nachprüfen können, außerdem wird ihr nutzlose Arbeit erspart.

In allen diesen Fragen steht den amtlichen Vertretern auch jederzeit die Mitwirkung der wirtschaftlichen Verbände der heimischen Industrie zur Verfügung. Die wirtschaftliche Interessenvertretung der deutschen Maschinenindustrie, der „Verein deutscher Maschinenbau-Anstalten", ist zu diesem Zwecke eifrig bemüht, die Beziehungen seiner Geschäftsstelle zu den amtlichen Vertretungen des Reiches auszubauen und nutzbringend zu gestalten, insbesondere auch in dem Nachweise entsprechender Bezugsquellen bei Bedarf von Maschinen, vor allem von Sondermaschinen, deren Hersteller weniger bekannt sind.

Neben der allgemeinen berichtenden Tätigkeit haben die amtlichen Vertretungen noch die beson-

---

[1] An dieser Stelle sei noch hingewiesen auf die einschlägigen Veröffentlichungen des Reichsamtes des Innern und des Kaiserlichen Statistischen Amtes: „Handbuch für den deutschen Außenhandel", „Nachrichten für Handel, Industrie und Landwirtschaft", „Deutsches Handelsarchiv", „Berichte über Handel und Industrie", „Zoll- und handelsrechtliche Bestimmungen des Auslandes", „Monatliche Nachweise über den auswärtigen Handel Deutschlands", „Vierteljahrshefte zur Statistik des Deutschen Reiches".

dere Aufgabe, durch zeitweilige persönliche Fühlungnahme mit den heimischen Kreisen die Ergebnisse ihrer Studien für die unmittelbaren Bedürfnisse des einzelnen Industriellen nutzbringend zu verwerten, zu welchem Zweck auf Rundreisen durch das Deutsche Reich Fühlung mit den an ihren Arbeiten interessierten Handels- und Industriekreisen zu suchen sein wird. Diese Fühlungnahme wird von den Konsularvertretern bisher nicht in genügendem Maße gesucht, etwas mehr von den den Konsulaten beigegebenen Handelssachverständigen. Auch sind es meist nur die Handelssachverständigen, welche größere Studienreisen mit bestimmten Aufgaben ausführen, Arbeiten, die gerade von besonderem Werte für die heimische Industrie sind. Da nur bei den wenigsten Konsulaten Handelssachverständige vorhanden sind, so ergibt sich die unerfreuliche Folge, daß die Konsuln selbst, in deren Hand doch die Haupttätigkeit für die wirtschaftliche Förderung liegen soll, entweder gar keine oder nur eine aus zweiter Hand gewonnene Fühlung mit dem Wirtschaftsleben der Heimat und seinen Vertretern haben.

Leider fehlen im deutschen Reichshaushalte noch die erforderlichen Mittel für eine großzügige Unterstützung der deutschen Ausfuhrbestrebungen durch die amtlichen Vertretungen; bekanntlich hat der Deutsche Reichstag sogar die geringen hierfür ausgeworfenen Mittel vor nicht allzulanger Zeit streichen wollen, und nur dem energischen Einspruche der großen wirtschaftlichen Körperschaften ist es zu danken, daß dies unterblieben ist. Das Ausland, insbesondere die Vereinigten Staaten, könnte in dieser Beziehung als Vorbild dienen. Wenn dort die Unterstützung der Ausfuhr als notwendig oder zweckmäßig anerkannt wird, so stehen sowohl für die wissenschaftliche Unterstützung durch Studienreisen als auch für die Unterstützung durch amtliche Berichterstattung jederzeit große Mittel, sowohl von privater als auch von amtlicher Seite, zur Verfügung, und neben den Vereinigten Staaten geht auch Großbritannien in dieser Hinsicht großzügig vor.

In welcher Weise diese Mittel verwendet werden sollen, ob sie den Konsularvertretungen, den Handelssachverständigen oder etwa nicht amtlichen, nur für eine bestimmte Aufgabe gewonnenen Fachleuten zur Verfügung gestellt werden sollen, muß von der Lage der Verhältnisse des einzelnen Falles, insbesondere von der Eignung, den Kenntnissen und Eigenschaften der einzelnen Personen und den gerade vorliegenden Aufgaben abhängig gemacht werden. Hier zu vereinheitlichen, wäre durchaus verfehlt, denn gerade die Personenfrage wird in den meisten Fällen ausschlaggebend für den Erfolg sein. In manchen Ländern und zu manchen Zeiten wird ein Mann mit möglichst großer Kenntnis der allgemeinen wirtschaftlichen Verhältnisse den Interessen des deutschen Handels und der deutschen Industrie die besten Dienste leisten und dann dürften die Konsularbeamten, wenn sie gut vorgebildet sind, und Land und Leute durch längeren Aufenthalt bereits kennen gelernt haben, die gegebenen Personen für diese Aufgabe sein. An anderen Stellen, namentlich wenn die Geschäfte des Konsulats erheblichen Umfang angenommen haben, wird es notwendig sein, dem Konsul mehr Hülfskräfte (Vizekonsuln) beizugeben, die ihn von laufenden Geschäften entlasten und ihm, sei es die Möglichkeit zu Informationsreisen, sei es die Muße zur Bewältigung größerer wirtschaftlicher Aufgaben, geben. Auch diese Vizekonsuln selbst, die ja bereits im Inlande auf ihre wirtschaftliche Tätigkeit vorbereitet werden, sollten gerade im Interesse ihrer weiteren Ausbildung im Ausland zu solchen Aufgaben herangezogen werden. Schließlich aber wird es in vielen Fällen auch darauf ankommen, Herren mit ganz besonderer Sachkunde zum Studium bestimmter Fragen zu entsenden, die niemals der Beamtenlaufbahn entnommen werden können und meist auch nur für beschränkte Zeit und für bestimmte Aufgaben werden gewonnen werden können, auch kaum den Wunsch haben werden, in die Beamtenlaufbahn hineinzuwachsen. Während bei letzteren nach Lage der Verhältnisse nur eine ganz vorübergehende Tätigkeit in Frage kommt, wird bei den anderen im Auslande tätigen Personen, wenn sie sich bewähren, eine längere Tätigkeit in ein und demselben Wirtschaftsgebiet erwünscht erscheinen, denn nur bei längerer, ständiger Fühlungnahme mit den industriellen und Handelskreisen eines Staates werden sie der heimischen Industrie wertvolle Dienste leisten. Die heutige Regelung der Auswahl, der Stellung und der Beschäftigung der Konsuln und Handelssachverständigen hat nach dieser Richtung noch mancherlei Punkte, die vielleicht eine Aenderung wünschenswert erscheinen lassen; die Bestrebungen für die gründlichere Ausbildung der Konsularanwärter ist ein Schritt auf diesem Wege, dessen Erfolg sich naturgemäß erst in Jahren zeigen kann. Vor allem aber hat die amtliche oder mit amtlicher Unterstützung erfolgende Entsendung von Sonderfachleuten für bestimmte Studienzwecke, die das Ausland, insbesondere die Vereinigten Staaten, mehrfach mit großem Erfolg unternommen hat, bei uns noch so gut wie garnicht stattgefunden, abgesehen von gelegentlichen Studienreisen von Beamten der Fachministerien der Bundesstaaten, deren Berichte teilweise aber der Industrie garnicht oder nur teilweise zugänglich gemacht worden sind. Hier liegen für die Reichsregierung noch große Möglichkeiten, durch planmäßiges Vorgehen Handel und Industrie zu unterstützen und zu fördern, und bei nutzbringender Verwendung der hierfür bewilligten Mittel werden die gesetzgebenden Körperschaften auch wohl geneigt sein, allmählich die hierfür ausgesetzten Mittel zu erhöhen, wie auch die Industrie geneigt sein dürfte, Mittel beizusteuern, wenn auf ihre Wünsche entsprechend Rücksicht genommen und ihr ein gewisser Einfluß eingeräumt wird.

Aber auch die Industrie wird mehr wie bisher darauf bedacht sein müssen, die amtlichen Auslandsvertretungen über ihre Wünsche und Bedürfnisse zu unterrichten und auf dem laufenden zu erhalten; dabei wird sie sich der Mühe unterziehen müssen, diese Unterrichtung den besonderen Verhältnissen des betreffenden Landes anzupassen.

Neben den amtlichen Vertretungen, den Botschaften und Konsulaten, ist aber auch noch eine halbamtliche Vertretung von Handel und Industrie im Auslande möglich in der Form von deutschen Handelskammern im Auslande. Für die Einrichtung solcher Kammern bemühen sich seit langem verschiedene deutsche Handelskammern und der Deutsche Handelstag; die deutsche Reichsregierung aber hält mit ihrer Mitwirkung zurück. So ist die einzige durch privates Vorgehen im Auslande gegründete deutsche Handelskammer in Brüssel im Jahre 1904 wegen Geldmangels wieder eingegangen. Andere Länder sind nicht so zurückhaltend, sie gründen solche Kammern im Auslande und unterstützen sie sogar aus öffentlichen Mitteln. Dort, wo ein wirkliches Bedürfnis für eine solche Einrichtung im Auslande besteht, sollte die Reichsregierung aus ihrer Zurückhaltung heraustreten und vorsichtig unterstützend eingreifen, denn nur halbamtliche Einrichtungen mit einer Art Beamtenschaft, die von dem Wechsel der privaten mitwirkenden Persönlichkeiten unabhängig ist, werden sich auf die Dauer als lebensfähig erweisen; dann aber erscheinen sie, zielbewußte Persönlichkeiten in ihnen vorausgesetzt, wohl geeignet, den Absatz deutscher Erzeugnisse im Auslande nachdrücklichst zu fördern und ihm die Wege zu ebnen.

Zu nennen sind an dieser Stelle auch die zwischenstaatlichen Vereinigungen, die sich die Pflege der Beziehungen zwischen zwei Staaten angelegen sein lassen. Diese Vereine mögen in mancher Beziehung gute Dienste leisten, indem sie, besonders wenn sie ihre Mitglieder in beiden Ländern suchen, gewisse Beziehungen namentlich persönlicher und kultureller Art zu pflegen wohl geeignet erscheinen; zur Förderung der heimischen Ausfuhr aber können sie nur in beschränktem Maße mitwirken. Die ausgesprochen heimischen Handelsinteressen zu vertreten und zu verfolgen, sind sie naturgemäß nur dann in der Lage, wenn sie sich auf heimische Mitglieder beschränken, also diesen Zweig ihres Arbeitsgebietes gewissermaßen in eine heimische Abteilung verlegen, was aber wieder gewisse Schwierigkeiten mit sich bringt. Dazu kommt, daß die meisten derartigen Vereinigungen an Geldmangel leiden, und so wäre zu wünschen, wenn der Zersplitterung, die zurzeit in Deutschland auf diesem Gebiete herrscht, durch Zusammenfassung aller dieser Bestrebungen in einer einheitlichen Organisation zu gemeinsamer gleichgerichteter Arbeit entgegengewirkt und ein Ende bereitet würde. Dann könnte mit denselben Mitteln sehr viel mehr zum Nutzen von Industrie und Handel geleistet werden. Vor allen Dingen wäre aber erforderlich, daß diese Vereinigungen sich auf die Förderung der Beziehungen zum Auslande beschränken und jede Beeinflussung der heimischen Handelspolitik unterlassen würden, denn die Sonderwünsche, die sich aus den Beziehungen zu einem einzigen fremden Lande ergeben, sind naturgemäß einseitig und können in ihrer Wirkung auf die deutsche Handelspolitik nur im Rahmen der gesamten deutschen Außenhandelsbeziehungen betrachtet werden.

Was der deutschen Industrie zur Förderung ihrer Auslandabsätze not tut und durch die amtliche Berichterstattung einstweilen jedenfalls in durchaus unzulänglicher Weise vermittelt wird und wohl auch niemals in ausreichendem Maße wird vermittelt werden können, das ist eine intime Kenntnis der gesamten Handelsverhältnisse der Auslandmärkte und ihrer Entwicklung. Die naturgemäß allgemein gehaltenen Mitteilungen der amtlichen Stellen im In- und Auslande müssen hier durch die Arbeiten privater Körperschaften ergänzt werden, und da es sich bei den Bedürfnissen der einzelnen Industriezweige um Fragen handelt, zu deren Beantwortung Fachkenntnisse Voraussetzung sind, so erwächst den industriellen Fachvereinigungen hier eine bedeutungsvolle Aufgabe. Diese Arbeiten, die ständig vorgenommen werden müssen, damit die deutsche Industrie ihre Stellung auf dem Weltmarkte behauptet, durch Gemeinsamkeitsarbeit in zentralen Vereinigungen zu vereinfachen und zu erleichtern wird die Aufgabe der Zukunft sein, nachdem die Bestrebungen zur Gründung der „Deutschen Gesellschaft für Welthandel" leider gescheitert sind. Solche Arbeiten stellen zugleich wertvolle Vorarbeiten für die zoll- und handelspolitischen Verhandlungen dar, indem sie die ziffernmäßigen Unterlagen über die tatsächlichen Verhältnisse und damit das statistische Rüstzeug liefern, dessen wir für den Ausbau der Handelspolitik des Deutschen Reiches, namentlich bei den Handelsvertragsverhandlungen, dringend benötigen.

Sehr wertvolle Unterstützung gewähren der deutschen Ausfuhrpolitik die deutschen Schulen im Auslande. Für die Maschinenindustrie kommen dabei insbesondere technische Schulen im Auslande in Frage, um die mittleren technischen Kräfte heranzubilden, deren eine große Zahl von den industriellen Unternehmungen des Auslandes als Betriebsleiter und Betriebsingenieure benötigt werden. Ohne entsprechend vorgebildete einheimische Beamte können die vorzüglichsten maschinellen Einrichtungen nicht in Betrieb und im Stande gehalten werden, was mit Rücksicht auf die späteren Nachbestellungen von größter Bedeutung ist. Bei dem sehr viel verwickelteren Bau der deutschen Maschinen, die sich aus dem höheren Stande der technischen Wissenschaft in Deutschland gegenüber Großbritannien und den Vereinigten Staaten herleitet, ist dieser Punkt besonders beachtenswert. Aber auch die allgemeinen Schulen, namentlich die höheren Schulen, welche die Vorbildung zum Besuch der deutschen Technischen

Hochschulen vermitteln, sind von Bedeutung. Dem Ausländer sollte auch im allgemeinen der Besuch der deutschen Technischen Hochschulen nicht erschwert werden, wie dies neuerdings aus Anlaß der eingerissenen Mißstände vielfach gefordert worden ist. Die Anwesenheit der Ausländer übt nicht nur auf die deutschen Studenten einen bildenden Einfluß aus, sondern erleichtert dem deutschen Ingenieur durch die während seiner Studienjahre angeknüpften Beziehungen auch die Möglichkeit, im Auslande Fuß zu fassen. Die Ausländer dagegen, die auf deutschen Technischen Hochschulen studieren, lernen deutsche Eigenart kennen und werden im allgemeinen auch im späteren Geschäftsleben Beziehungen mit der deutschen Industrie pflegen. Die Gefahr, daß diese ausländischen Studenten wertvolle deutsche Konstruktionen und Erfahrungen ins Ausland verschleppen und damit dem deutschen Maschinenbau später Wettbewerb bereiten, tritt demgegenüber in den Hintergrund. Diese Gefahr droht der heimischen Industrie viel mehr von den fremdländischen Studienreisenden, von denen sich manche als planmäßige Industriespione erweisen und bei deren Aufnahme daher Vorsicht geübt werden sollte; allerdings sollte diese Vorsicht im Interesse der guten Beziehungen zum Auslande nicht schematisch angewendet werden, wie dies leider vielfach geschieht, indem grundsätzlich jeder Ausländer abgewiesen wird. Der Ausländer dagegen, welcher in Deutschland seine Ausbildung genießt, lernt deutsche Maschinen und deutsche Einrichtungen kennen, und wenn er später in seiner Heimat Betriebsleiter geworden oder sonst zu Einfluß gekommen ist, so wird er sicher beim Einkauf die ihm bekannten deutschen Bauarten vorziehen, schon um sich das Studium neuer Maschinen zu ersparen, denn durchweg wird ihm seine spätere Tätigkeit nur wenig Zeit für besondere eingehende Studien lassen, er wird vielmehr darauf bedacht sein, sich diese Arbeit tunlichst zu erleichtern. Die Amerikaner haben zB. dadurch, daß sie den Japanern Gelegenheit zur Ausbildung an ihren Schulen und in ihren Fabriken gegeben haben, große Erfolge errungen und sind auf dem besten Wege, für China das gleiche zu erreichen und sich einen Vorsprung zu sichern, den einzuholen später sehr schwer sein wird. Auch die deutsche Industrie sollte sich daher dem Ausländer, der in Deutschland technischen Studien obliegt, nicht zu streng verschließen. Das Maß des Entgegenkommens wird sich naturgemäß ganz danach richten, welche Erzeugnisse in Frage stehen. Bei Erzeugnissen, in denen die heimische Industrie einen unbestrittenen Vorsprung vor dem Auslande hat, wird man nicht eingehenderen Einblick in die Fabrikation gewähren können, weil die Gefahr des Nachahmens größer ist und die Absicht des Spionierens eher vorliegen wird; dagegen wird bei Erzeugnissen, die auf dem Weltmarkte gegen den Wettbewerb anderer Länder, insbesondere gegen den Wettbewerb der englischen und amerikanischen Industrie abgesetzt werden müssen, eine Zurückhaltung nicht am Platze sein, sondern es dürfte sich empfehlen, die in der Ausbildung begriffenen Ausländer soweit wie möglich zu unterrichten und dabei nur besondere Fabrikgeheimnisse zu wahren. Voraussetzung für den Besuch einer deutschen Technischen Hochschule seitens eines Ausländers müssen allerdings gleichwertige Vorbildung und der Besitz ausreichender Mittel für den Lebensunterhalt sein, sowie eine genügende Kenntnis der deutschen Sprache, um den Vorträgen ohne Schwierigkeit folgen zu können. Das letztere vermitteln aber gerade die deutschen Schulen im Auslande.

Die Ausfuhr von Waren nach dem Auslande liegt anfangs, namentlich solange ein Land noch zu erschließen ist, durchweg in der Hand von Exporteuren. Wenn aber die Ausfuhr steigt, so kommt in der Maschinenindustrie, insbesondere wenn sie zur Ausfuhr hochwertiger Maschinen übergeht, zu deren Beurteilung besondere Fachkenntnisse und zu deren Inbetriebsetzung und Ganghaltung besondere Sachkunde notwendig ist, schon bald der Augenblick, wo der Exporteur allein nicht mehr fertig wird, er vielmehr der unmittelbaren Mithülfe des Fachmannes bedarf. Diese nimmt nun verschiedene Formen an, entweder stellt der Exporteur technische Hülfskräfte an, oder er läßt sich, sei es zeitweilig, sei es ständig, technische Hülfskräfte von denjenigen Maschinenfabriken zugesellen, deren Geschäfte er besorgt. Letzteres bringt alsbald mit sich, daß er von dem allgemeinen Verkauf der Maschinen aller Art zu dem Verkauf nur bestimmter Erzeugnisse bestimmter Maschinenfabriken übergeht.

Der unvermeidliche unmittelbare Verkehr mit dem Kunden beim Kauf und auch noch nach der Lieferung hochwertiger Maschinen führt aber ganz von selbst die Maschinenfabriken dazu, sich, wenn ihr Absatz nach bestimmten Gegenden steigt, von den Exporteuren unabhängiger zu machen, es folgt die Entsendung von eigenen Ingenieuren, sodann die Gründung technischer Ingenieurbureaus im Auslande.

Bei den großen Kosten, mit denen die letzte, bei guter Organisation jedenfalls wirksamste Form des Ausfuhrdienstes zu rechnen hat, findet sich häufig die Form gemeinsamer Bureaus mehrerer Maschinenfabriken, wobei allerdings besondere Vorsorge getroffen werden muß, daß der Wettbewerb zwischen den Beteiligten ausgeschlossen ist. Die Schwierigkeit liegt in der Personenfrage, weil die besondere Sachkenntnis für die Vertretung zahlreicher Erzeugnisse sich in einer Person meist nicht vereinigen läßt, und an der Personenfrage sind auch die meisten derartigen Unternehmungen gescheitert.

Sie haben aber meist das Gute gehabt, daß sie den daran beteiligten Firmen oder wenigstens einigen derselben als Vorstufe für eigene technische Bureaus im Auslande gedient und somit Pionierdienste geleistet haben.

Von nicht zu unterschätzender Bedeutung ist schließlich noch die Reklame, wobei zwei Hauptspielarten zu unterscheiden sind, einmal die Anzeigen in ausländischen Zeitungen und Zeitschriften, wobei sich in einzelnen Gegenden besonders die deutschsprachigen Auslandzeitungen als nützlich erweisen, sodann die Verwendung von Drucksachen. Für Erzeugnisse der Maschinenindustrie läßt sich die letzte Form gar nicht umgehen, obwohl sie sehr kostspielig ist. Um sie aber wirksam zu gestalten, ist ein genaues Studium der besonderen Verhältnisse des zu bearbeitenden Gebietes erforderlich; es genügt nicht, einfach die Drucksachen, die vielleicht für das Inland oder für ein anderes Land angefertigt sind, in die betreffende fremde Sprache übersetzen zu lassen, sondern es muß der Eigenart des Landes Rücksicht getragen werden. In der Ausgestaltung solcher Drucksachen kann außerdem die deutsche Industrie mancherlei von dem amerikanischen und englischen Wettbewerb lernen, vor allem wie dieselben für den praktischen Gebrauch einzurichten sind, zB. für unmittelbare Bestellung der Maschine selbst als auch der Einzelteile für Ausbesserung und Ersatz. Auch verleitet den Deutschen der ihm innewohnende Hang zu wissenschaftlicher Gründlichkeit leicht dazu, in seinen Drucksachen dem Käufer zu wenig, dem Wettbewerber dagegen zu viel zu sagen.

Unter Umständen, namentlich in geschäftlich noch wenig entwickelten Gegenden oder Ländern, in denen Pionierarbeit zu leisten ist, kann eine Auslegestelle für Reklamedrucksachen bei den Konsulaten gute Dienste leisten. Auch andere Stellen können für diesen Zweck in Betracht kommen. Es wird sich aber empfehlen, vorher die Konsulate um ihren Rat zu bitten, wo die in Frage kommenden Drucksachen mit Erfolg aufgelegt werden können. Wenn Drucksachen in dieser Weise verwendet werden, so muß aber auch dafür Sorge getragen werden, daß die Interessenten stets das Neueste von den betreffenden Auslegestellen finden. Denn die beabsichtigte Wirkung der Reklameschriften wird nicht nur stark beeinträchtigt, sondern oft geradezu in das Gegenteil verwandelt, wenn der Käufer im Auslande neben modernen Drucksachen von Geschäften seines Heimatlandes oder anderen ausländischen Firmen solche von deutschen Geschäften vorfindet, die nach Form und Inhalt längst veraltet und überholt sind. Zum wenigsten sollte für rechtzeitige Beseitigung solcher wertloser Unterlagen gesorgt werden, damit sie wenigstens keinen Schaden stiften, indem sie dem Ausländer ein ganz falsches Bild von der deutschen Industrie geben, ja sie geradezu lächerlich machen.

Vor allem aber müssen alle Reklameschriften und sonstigen Druckschriften in der Sprache des zu bearbeitenden Absatzgebietes hergestellt sein, nach welcher Richtung von deutscher Seite noch häufig nicht mit der genügenden Umsicht vorgegangen wird, indem man sich damit begnügt, englische und französische, höchstens vielleicht noch spanische oder portugiesische Drucksachen zu verwenden.

Es ist bereits darauf hingewiesen worden, daß in jedem Lande, das sich industriell entwickelt, ein Zeitpunkt kommt, in welchem in ihm eine Maschinenindustrie entsteht, die selbständig Maschinen herzustellen beginnt; in diesem Augenblick setzen die Schutzbestrebungen zugunsten dieser Maschinenindustrie ein und die Folgen sind Zölle auf die Einfuhr von Maschinen. In fast allen Ländern, die sich als Absatzgebiete für Maschinen darstellen, ist dieser Entwicklungsgang zu verzeichnen, und zwar haben die letzten Jahre in zahlreichen für die deutsche Maschinenindustrie sehr wichtigen Absatzgebieten erhebliche Zollerhöhungen gebracht. Solange sich solche Zölle nur als Finanzzölle darstellen, ohne daß das Erstarken einer inländischen Maschinenindustrie zu befürchten ist, ist lediglich dafür Sorge zu tragen, daß die deutsche Maschinenindustrie nicht differentiell behandelt wird; sobald aber eine erhebliche Maschinenindustrie in dem betreffenden Lande bereits besteht oder aber die Schaffung einer solchen zu befürchten ist, muß es Aufgabe der deutschen amtlichen Stellen sein, solche Zollerhöhungen auf ein erträgliches Maß zurückzudrängen, damit nicht der Wettbewerb der deutschen Maschinenindustrie unterbunden wird, denn das würde der so hochwertigen Arbeiterschaft der deutschen Maschinenindustrie die Beschäftigung nehmen oder doch wenigstens verringern. Die Handelsverträge gewinnen demnach für die Maschinenindustrie steigende Bedeutung. Welche Wünsche nach dieser Richtung die deutsche Maschinenindustrie hegt, zeigen am besten die Leitsätze, welche im Jahre 1910 der Vorstand des Vereines deutscher Maschinenbau-Anstalten aufgestellt hat und die von der Hauptversammlung des Vereines im Frühjahr 1911 genehmigt worden sind. Sie lauten:

„Für die deutsche Handelspolitik verlangt der Verein deutscher Maschinenbau-Anstalten einen größeren Schutz der heimischen Industrie und den Abschluß günstiger Handelsverträge mit den Absatzgebieten der Fertigerzeugnisse.

Der neue deutsche Zolltarif muß zu diesem Zwecke sowohl nach den Warengruppen als auch nach der Gewichtsstaffelung der einzelnen Positionen eingehender gegliedert sein. Die Zollsätze des Generaltarifes müssen eine der Steigerung der ausländischen Zollsätze entsprechende Erhöhung erfahren, und die Möglichkeit eines Zollnachlasses in den Handelsvertragsverhandlungen darf nicht durch Bindung[1]) einzelner Zollsätze verhindert werden, es sei denn mit ausreichendem Spielraum gegenüber den Zollsätzen des Generaltarifes.

Die von verschiedenen Seiten geforderte Abkehr von den reinen Meistbegünstigungsverträgen und der Uebergang zu Vorzugsverträgen erscheint dem Verein deutscher Maschinenbau-Anstalten eingehender Erwä-

---

[1]) Das Wort „Bindung" soll in diesem Zusammenhange nicht der Bedeutung, die ihm sonst im allgemeinen zugrunde liegt, nämlich der vertraglichen Festlegung auf längere Dauer, entsprechen; es ist in diesem Falle vielmehr an die Aufstellung von Minimaltarifen gedacht.

gung wert, sofern sich beide Vertragsarten nebeneinander durchführen lassen. Ein schematisches Aufgeben der Deutschland gesicherten Meistbegünstigung ohne deren Ersatz durch allseitig genügend gesicherte und günstige Verhältnisse würde der Verein deutscher Maschinenbau-Anstalten für bedenklich halten.

Um die Wahrung der beteiligten Interessen zu sichern, fordert der Verein deutscher Maschinenbau-Anstalten eine ausgiebige Beteiligung der allgemeinen wirtschaftlichen und Fachverbände bereits bei Aufstellung des Entwurfes des neuen deutschen Zolltarifes und die unmittelbare Beteiligung von Sonderfachleuten bei den Handelsvertragsverhandlungen.

Um die Berechtigung dieser Leitsätze darzutun, wird es notwendig sein, etwas näher auf sie einzugehen.

Deutschland ist bekanntlich nicht in der Lage, seinen Bedarf an Naturstoffen, sowohl an Nahrungsmitteln wie auch an Rohstoffen für die gewerbliche und landwirtschaftliche Erzeugung, aus seinem eigenen Boden zu decken; es ist auf die Zufuhr von Erträgnissen fremden Bodens angewiesen. Das deutsche Kapital hat sich aber das Ausland noch nicht in einem solchen Maße tributpflichtig gemacht, daß durch seine Einnahmen und Forderungen ein Ausgleich gegenüber dem Werte der gesamten Einfuhr geschaffen wäre. Wir sind daher gezwungen, den größten Teil unserer Einfuhr durch Arbeit zu bezahlen, die sich in der von uns vorgenommenen Ausfuhr von Erzeugnissen unserer gewerblichen Erzeugung verkörpert (vergl. hierzu die Darstellung in Abbildung 2 der Tafel 4). Damit wir nun nicht etwa auch noch Arbeit, die wir ja selbst leisten können, aus dem Ausland einführen, müssen wir darauf bedacht sein, unsere Erzeugung so auszubilden und zu verbessern, daß wir in bezug auf die Bedürfnisse unseres Landes und Volkes den Anforderungen nach Möglichkeit genügen können und in dieser Beziehung wenigstens vom Auslande so unabhängig werden, wie es nach Lage der verschiedenen wirtschaftlichen Verhältnisse überhaupt möglich ist. Das bedeutet, daß wir suchen müssen, diejenigen Dinge, die wir heute noch vom Auslande beziehen, im Inlande selbst herzustellen, oder wenigstens den auf das fertige Erzeugnis zu verwendenden Anteil an gewerblicher Arbeit möglichst bei uns zu leisten. Dies wird allerdings nur gelingen können, wenn die erzeugenden Kreise durch Aussicht auf angemessene Preise den Ansporn erhalten, sich Arbeitsgebieten zuzuwenden, denen sie bisher noch ferngestanden haben, oder sich auf diesen Gebieten mehr wie bisher zu betätigen. Solchen Arbeitszweigen muß ein entsprechender Zollschutz gewährt werden und sie haben einen Anspruch darauf, daß ihre Interessen in den Handelsverträgen in besonderer Weise berücksichtigt werden.

Wieweit dieser Zollschutz gewährt werden soll und in welcher Höhe er zur Anwendung kommen muß, richtet sich immer nach den jeweiligen Verhältnissen. Junge Arbeitsgebiete sind stets im Nachteil gegenüber einem alten ausländischen Wettbewerb. Die Unternehmer selbst sind mit dem ganzen Zusammenhange der Erzeugung nicht genügend vertraut und haben noch nicht die nötige Erfahrung sammeln können, die Arbeiter müssen eingeschult werden, unter Umständen muß noch dieser oder jener Zweig der Erzeugung, der mit dem ins Leben zu rufenden aufs engste verknüpft ist, weiter ausgebaut und vervollkommnet werden. Diese und noch viele andere Verhältnisse begründen den Vorsprung des Wettbewerbes des Auslandes, der ausgeglichen werden muß, wenn diese Arbeitszweige sich entwickeln sollen. Allerdings erscheint ein Schutz für diese Arbeitsgebiete nur dann berechtigt, wenn begründete Aussicht vorhanden ist, daß sie sich auch entwickeln und später dem ausländischen Wettbewerb die Spitze bieten werden.

Bei den bereits bestehenden Arbeitsgebieten ist zu berücksichtigen, daß ihr heutiger Stand immer ein Ergebnis der geschichtlichen Entwicklung ist. Eine auf dem Weltmarkte bereits wettbewerbfähige Industrie, die den Wettbewerb des Auslandes auf dem heimischen Markte nicht zu fürchten braucht, wird für sich keinen Zollschutz in Anspruch zu nehmen brauchen, sie wird vielmehr dem Freihandel zuneigen können und unter Umständen sogar die Abschaffung der Zölle befürworten, da sonst das Beispiel des Heimatlandes die fremden Staaten, ihre eigenen Abnehmer, zu höheren Schutzzöllen anregen und dadurch den Absatz ihrer Erzeugnisse erschweren würde. In gleicher Weise neigen auch diejenigen Kreise, welche der Warenvermittlung, dem Transportwesen, den Verkehrsunternehmungen usw. nahe stehen im allgemeinen freihändlerischen Bestrebungen zu, weil sie davon eine Steigerung des Güteraustausches und damit des Handels und Verkehres erhoffen.

Anders liegt es dagegen bei Arbeitsgebieten, die dem Wettbewerb des Auslandes auch auf dem Inlandmarkte noch nicht gewachsen sind. Handelt es sich hier um große und wichtige Industriezweige, deren Erhaltung und Kräftigung im nationalwirtschaftlichen Interesse liegt, so würde die Beseitigung des Schutzzolles oder auch bereits ein nicht ausreichender Zollschutz die schwerste Schädigung der heimischen Volkswirtschaft im Gefolge haben. Die durch den Zollschutz hervorgerufenen höheren Preise dürften von der Allgemeinheit nicht so störend empfunden werden, als die umfangreichen Arbeiterentlassungen, Lohnminderungen, die Kapitalentwertung u. dergl., die sich notwendigerweise ergeben würden, wenn man in einseitiger Rücksicht auf die Verbraucher diesen Industriezweigen einen genügenden Schutz für ihre Erzeugnisse versagen wollte.

Bei einigen Produktionszweigen liegen die Verhältnisse nun allerdings so, daß der Inlandverbrauch, auf den sie allein angewiesen sein würden, weil an eine nutzbringende Ausfuhr nach Lage der Verhältnisse nicht zu denken ist, nur sehr gering ist und keine Möglichkeit zu einer größeren Entwicklung bietet. Hier würde der Mehrpreis, den die Verbraucher infolge des Zollschutzes zu zahlen haben würden, in keinem Verhältnisse stehen zu dem Vorteile, der der allgemeinen Volkswirtschaft durch die Beschäftigung der Arbeitskräfte dieses Produktionszweiges geboten würde. Es überwiegt somit das Interesse derjenigen, welche diesen Gegenstand gebrauchen müssen und ihn billig beziehen wollen. In einem solchen Falle würde man wohl von der Gewährung des Schutzes absehen müssen, und es erscheint volkswirtschaftlich richtiger, einen solchen Produktionszweig aufzugeben und die in ihm beschäftigten Arbeitskräfte anderen Produktionszweigen zuzuführen, soweit nicht zu befürchten ist, daß das Ausland diesen Fortfall des Wettbewerbes zu einer Steigerung des Preises benutzen würde oder daß andere damit in Verbindung stehende Arbeitsgebiete Einbuße erleiden.

Weiter ist zu beachten, daß die Produktionskosten nicht nur in den verschiedenen Ländern, sondern auch innerhalb desselben Landes verschieden sein können und auch wirklich sind; ebenso ist weder die Spannung zwischen den höchsten und niedrigsten Kosten überall gleich noch auch die Gesamtmenge der Güter, die zu den verschiedenen Kosten erzeugt werden kann; auch spielen die Transportkosten zwischen Herstellungsort und Verbraucher eine Rolle. Es ist wohl möglich und denkbar, daß die inländische Erzeugung durch eine selbst geringfügige Zollerhöhung eine bedeutende Ausdehnung erfährt und eine vielleicht große Einfuhr vollständig beseitigen oder doch wenigstens auf ein Mindestmaß herabdrücken kann. In einem solchen Falle wird jedenfalls das Erzeugerinteresse wesentlich größer sein und mehr Beachtung verdienen als das Interesse der Verbraucher.

Daher wird es die Aufgabe der Regierung sein, in jedem einzelnen Falle die Folgen zu berücksichtigen und genau zu prüfen, ob nicht etwa die Nachteile, welche der Volkswirtschaft aus der Zurückdrängung der Erzeugerkreise entstehen, größer sein werden als der Nutzen, der den Verbrauchern aus der freien Einfuhr erwächst.

Bei der Frage nach der Höhe der Zollsätze im einzelnen müssen verschiedene zusammenwirkende Faktoren in Betracht gezogen werden. Abgesehen von der günstigeren Ausgestaltung der natürlichen Erzeugungsbedingungen, der vorgeschritteneren technischen Entwicklung, der Entwicklung der Verkehrsmittel, der Kreditinstitute u. dergl. kommen besonders in Frage die Ungleichheiten, die sich aus der sozialen Gesetzgebung ergeben. Hier hat das rückständige Land immer einen Vorsprung, der oft ganz bedeutend ins Gewicht fällt. Für Deutschland sei nur erinnert an die Einschränkungen in der Beschäftigung jugendlicher und weiblicher Arbeiter und an die Beitragslasten zu den sozialen Versicherungen, welche die Selbstkosten erhöhen. Ein weiterer schwerwiegender Faktor ist die Höhe des Lohnes, sowohl des Durchschnittlohnes als auch besonders des Lohnes der Facharbeiter in dem betreffenden Industriezweig. Zu berücksichtigen sind ferner die Zölle auf die Vorerzeugnisse, auf die Rohstoffe und halbfertigen Erzeugnisse; bis zu einem gewissen Grade heben sie den Schutz für die Fertigindustrie wieder auf. Die Fertigindustrie dürfte aber vor allem ein Recht auf Schutz durch Zölle haben, da ja gerade in ihren Erzeugnissen ein hohes Maß nationaler Arbeit enthalten ist. Für manche Rohstoffzweige ist wiederum ein Zollschutz geboten, weil die Fertigindustrie, die ihre Erzeugnisse weiter verarbeitet, ein Interesse daran hat, daß die zugehörige Rohstoffindustrie im Lande selbst besteht und leistungsfähig ist.

Ausländische Kartelle können den Schutz für die heimische Erzeugung zum Teil zunichte machen, sei es, daß sie einen Teil der infolge hoher Schutzzölle auf ihrem Inlandmarkte erzielten Ueberschüsse zu Prämien- und Ausfuhrvergütungen verwenden, die ihre Mitglieder befähigen, im Auslande auch unter Selbstkostenpreis zu verkaufen, sei es, daß sie einen Teil ihrer Erzeugung zu Kampfpreisen ins Ausland verschleudern, um ein Ueberangebot auf ihrem Inlandmarkte zu verhüten und dadurch die Preise auf ihrem Inlandmarkte hochzuhalten. Inländische Kartelle wiederum können bei einseitiger Beförderung des Auslandabsatzes ihrer Erzeugnisse andere ausländische Industriezweige der Weiterverarbeitung auf Kosten ihrer heimischen Abnehmer stärken.

Bei der verhältnismäßig hohen Einfuhrziffer einzelner Maschinengattungen in das deutsche Wirtschaftsgebiet liegt nun der Gedanke nahe, daß vielleicht durch einen höheren Zollsatz die heimische Maschinenindustrie geschützt werden sollte.

Wirklich zeigt sich, daß beispielsweise bei den Baumwollindustriemaschinen und einem Teil der landwirtschaftlichen Maschinen die Vertragzölle nur 4,7 bis 8,1 vH. des Wertes darstellen; dementsprechend weist die Zahlentafel 9 für die erwähnten Maschinengattungen ganz erhebliche Einfuhrziffern auf.

Ganz allgemein ist festzustellen, daß die jetzigen Sätze des deutschen Zolltarifes auf Maschinen der Bedeutung der Maschinenindustrie als einer hochwertigen Fertigindustrie vielfach durchaus nicht entsprechen. Die an sich schon niedrigen Zollsätze des Tarifs sind zudem noch häufig als Kompensationen benutzt und in den Handelsverträgen herabgesetzt worden.

Für die ungünstige Zollbehandlung der Maschinenindustrie sei beispielsweise angeführt, daß bei Erzeugnissen, wie Trägern, Blechen, Draht usw., die doch keinen so starken Grad der Verarbeitung und Verfeinerung darstellen, wie die Maschinen, die Zollsätze schon denselben, ja zum Teil einen höheren Teil des Wertes ausmachen, als bei den Erzeugnissen der Maschinenindustrie.

Der deutsche Zolltarif kennt im allgemeinen allerdings keine Wertzölle, sondern sieht fast allgemein, jedenfalls in den für die Maschinenindustrie in Frage kommenden Positionen, in der Hauptsache Gewichtzölle vor. Aber auch bei Gewichtzöllen läßt sich eine Belastung der Einfuhrgüter je nach ihrem jeweiligen Werte wohl erreichen.

Wenn für die Gegenstände innerhalb einer Warengruppe ein einheitlicher Gewichtzoll festgesetzt ist, so werden hiervon allerdings die weniger verfeinerten Erzeugnisse, bei denen der Preis in der Hauptsache durch die Menge des verwendeten Materials bestimmt wird, im Verhältnis zum Werte ihrer Gewichtseinheit stärker getroffen als die infolge der höheren Bearbeitung wertvolleren Erzeugnisse. Nimmt man jedoch für die Warengruppe eine Unterteilung nach Warengattungen vor und stellt für die einzelne Warenart den Zollsatz selbständig fest, so wird die differenzielle Belastung in demselben Maße verschwinden, in welchem die Unterteilung durchgeführt und der Zollsatz dem Durchschnittwerte der einzelnen Warenart angepaßt ist. Da nun der Wert der Gewichtseinheit besonders für die Erzeugnisse der Maschinenindustrie je nach der Warenart außerordentlich schwankt, so ergibt sich daraus das berechtigte Verlangen der Maschinenindustrie nach einer möglichst weitgehenden Spezifizierung des Tarifs nach den einzelnen Maschinengattungen.

Eine solche Unterteilung nach Maschinengattungen allein genügt aber noch nicht, um den ausländischen Wettbewerb so zu treffen, wie es der Schutz des heimischen Gewerbes verlangt, sondern auch bei der gleichen Warenart ist der Wert für die Gewichtseinheit noch außerordentlich verschieden. Es gilt also, eine weitere Unterteilungsmöglichkeit zu schaffen, die zolltechnisch sich durchführen läßt. Als solche ergibt sich eine Unterteilung nach der Größengattung der Erzeugnisse, und so erhebt die Maschinenindustrie die weitere Forderung nach einer Gewichtstaffelung innerhalb der einzelnen Tarifpositionen, wobei wiederum genaue Untersuchungen über die Verhältnisse bei der einzelnen Warengattung, die durchaus verschieden sind, zugrunde gelegt werden müssen.

Ein so nach Warengattungen und unter gleichzeitiger Gewichtstaffelung bei den einzelnen Warengattungen ausgebauter Zolltarif liefert den Zollbehörden leicht erkennbare Merkmale, die eine genaue Anwendung der vorgesehenen Zollsätze ermöglichen, was bei der verhältnismäßig geringen technischen Sachkunde der Zollbeamten besonders zu beachten ist. Zugleich wird dem Uebelstande wirksam entgegengetreten, daß das Ausland Maschinen zu einem billigeren Zollsatz einzuführen sucht, den zu gewähren nicht in der Absicht des Gesetzgebers lag. Ferner ist Gelegenheit gegeben, die Einfuhrgüter statistisch vollkommener zu erfassen und die Entwicklung des ausländischen Wettbewerbes auf dem heimischen Markte in seinen Einzelheiten zu verfolgen, wodurch die Maschinenindustrie wieder angespornt wird, sich Arbeitszweigen zuzuwenden, die sie aus Unkenntnis der wahren Einfuhrzahlen bisher vielleicht nicht genügend beachtet hat.

Von großer Wichtigkeit für die gesamte Volkswirtschaft sind die Handelsverträge, da sie uns die Märkte offen halten sollen, auf denen wir die Erzeugnisse unserer Arbeit zur Begleichung der Kosten der Einfuhr absetzen müssen. Ein besonderes Interesse an der günstigen Gestaltung der Handelsverträge hat die deutsche Maschinenindustrie, da sie zurzeit bereits mit rd. 25 vH. ihrer Erzeugung auf den Weltmarkt angewiesen ist; dabei ist zu beachten, daß manche deutsche Maschinenfabriken heute bereits über die Hälfte, ja den weitaus größeren Teil ihrer Erzeugung ans Ausland absetzen.

Für die Erreichung von Zollermäßigungen für Maschinen seitens der fremden Länder werden deutscherseits Zollnachlässe auf andere Güter, insbesondere auf Rohstoffe, deren Einfuhr nach Deutschland möglich und notwendig ist, gewährt werden müssen. Das ist aber volkswirtschaftlich durchaus zulässig und anzustreben, denn es handelt sich bei den ausgeführten Maschinen um hochwertige Erzeugnisse, in deren Verkaufpreis sich ein hoher Prozentsatz von Arbeitslöhnen befindet, dessen Wiedergewinnung vom ausländischen Käufer somit Beschäftigung und Unterhaltung für einen großen Teil des Volkes bedeutet, während es sich bei den zu gewährenden Zollnachlässen um geringwertigere Erzeugnisse handelt, die zum Teil in Deutschland veredelt und alsdann wieder ausgeführt werden sollen, oder aber um Erzeugnisse, die von der deutschen Bevölkerung verbraucht werden. Um den vertragschließenden Staaten aber entgegenkommen zu können und doch diese Zölle nur bis auf das zum Schutze der betreffenden inländischen Erzeugungen noch erforderliche Maß herabsetzen zu müssen, wird es notwendig sein, die Zollsätze für diese Rohstoffe und Einfuhrgüter im Generaltarif entsprechend der Steigerung der ausländischen Maschinenzölle heraufzusetzen. Auch dürfen für diese Tarifpositionen, die wir als Kompensationen zu ermäßigen gedenken, nicht Minimaltarife angesetzt werden, weil ja dann die vertragschließenden Staaten schon von vornherein die äußerste Grenze der möglichen Zollnachlässe kennen und die Gewährung dieser niedrigsten Zollsätze selbst bei geringem Entgegenkommen ihrerseits verlangen werden, wie die Erfahrungen bei den letzten Handelsvertragsverhandlungen gezeigt haben. Auch eine frühzeitige Begrenzung nach unten erscheint unzweckmäßig, weil dadurch für weitere Verhandlungen Waffen aus der Hand gegeben werden. Sind die Zollsätze nach unten nicht begrenzt, so können die zu den Handelsvertragsverhandlungen entsandten Vertreter für jeden Nachlaß, den sie gewähren, auch ein Entgegenkommen der anderen Parteien verlangen. Eine unterste Grenze, jedoch mit ausreichendem Spielraum gegenüber den Zollsätzen des Generaltarifs, muß naturgemäß von der Regierung angesetzt werden, ohne daß aber diese Grenze in der Oeffentlichkeit bekannt zu werden braucht. Sie ergibt sich aufgrund der vorangehenden Verhandlungen zwischen Regierung, Reichstag und den Interessenten, insbesondere innerhalb des Wirtschaftlichen Ausschusses. Die Rechte des Reichstages würden durch ein solches

Vorgehen auch in keiner Weise beeinträchtigt werden, da die Gültigkeit der Zollsätze in den Handelsverträgen doch stets seiner Genehmigung bedarf.

Ein beachtenswerter Punkt in den Handelsverträgen ist noch die Meistbegünstigung, durch deren Gewährung die einem vertragschließenden Staate zugebilligten Vergünstigungen ohne weiteres sämtlichen anderen Staaten zugute kommen, zu denen wir in dem Verhältnis der Meistbegünstigung stehen. In neuerer Zeit ist von verschiedenen Seiten die Forderung nach einer Beseitigung dieser Meistbegünstigung erhoben und empfohlen worden, zum System der Reziprozität, der Vorzugsverträge, wie es die Vereinigten Staaten anwenden, überzugehen. Durch ihre Untersuchungen über die Absatzgebiete der Maschinenindustrie auf dem Weltmarkte und ihre Wettbewerber hat die deutsche Maschinenindustrie aber die Ueberzeugung gewonnen, daß überall dort, wo diese Wettbewerber aus irgendwelchen Gründen einen Vorsprung gewinnen, die deutsche Maschineneinfuhr zurückgedrängt wird. Sie kann dann meist nur noch in Sondererzeugnissen vordringen. Das läßt es als unbedingt erforderlich erscheinen, daß die Maschinenindustrie in den Auslandstaaten auf gleichmäßige Behandlung mit ihren Wettbewerbsländern das größte Gewicht legen muß. Jedenfalls würde ein Staat, der heute von einer Meistbegünstigungspolitik einfach in das entgegengesetzte Fahrwasser übergehen würde, seinem Handel empfindliche Nachteile zuziehen, ganz abgesehen davon, daß ein Gebrauch, der so weite Verbreitung gefunden hat, nicht ohne weiteres beseitigt werden kann. Die deutsche Maschinenindustrie könnte daher eine Abkehr Deutschlands von den Meistbegünstigungsverträgen und den Uebergang zu Vorzugsverträgen nur dann befürworten, wenn es gelänge, beide Vertragsarten nebeneinander durchzuführen.

Diese Wünsche der deutschen Maschinenindustrie zur deutschen Handelspolitik, die unter voller Beachtung der Erfordernisse der allgemeinen Volkswirtschaft aufgestellt sind und für die Maschinenindustrie nur das verlangen, was ihr zur Erhaltung ihres heimischen Absatzgebietes und zur angemessenen Förderung ihrer Ausfuhrinteressen unbedingt notwendig erscheint, werden sich nur verwirklichen lassen, wenn die Bedeutung des Maschinenbaues für die gesamte deutsche Volkswirtschaft, wie sie durch die vorstehenden Ausführungen nachgewiesen ist, in weiten Kreisen der deutschen Bevölkerung und insbesondere von den amtlichen Vertretungen anerkannt und gewürdigt wird. Die amtlichen Vertretungen aber, die mit den Vorarbeiten für die Handelsverträge und mit der Wahrnehmung der deutschen Interessen bei den Handelsvertragsverhandlungen betraut sein werden, werden sich ganz besonders vor Augen halten müssen, welche Bedeutung die Ausfuhr der deutschen Maschinenindustrie für die gesamte deutsche Volkswirtschaft hat; demgemäß werden sie den Interessen dieses Industriezweiges bei allen ihren Arbeiten, insbesondere aber bei den demnächstigen Verhandlungen über die Handelsverträge, ein erhöhtes Augenmerk widmen müssen.

MIX
Papier aus verantwortungsvollen Quellen
Paper from responsible sources
FSC® C105338

If you have any concerns about our products,
you can contact us on
ProductSafety@springernature.com

In case Publisher is established outside the EU,
the EU authorized representative is:
**Springer Nature Customer Service Center GmbH
Europaplatz 3, 69115 Heidelberg, Germany**

Printed by Libri Plureos GmbH
in Hamburg, Germany